U0184106

穿出信自

如何穿搭更好看

Sherry
谢大肉
著

中国铁道出版社有限公司
CHINA RAILWAY PUBLISHING HOUSE CO., LTD.

图书在版编目（CIP）数据

穿出自信：如何穿搭更好看 / Sherry 谢大肉著 . —北京 : 中国铁道
出版社有限公司 , 2023.5

ISBN 978-7-113-29997-2

Ⅰ.①穿… Ⅱ.①S… Ⅲ.①服饰美学 – 基本知识 Ⅳ.① TS941.11

中国国家版本馆 CIP 数据核字 (2023) 第 035015 号

书　　名：**穿出自信——**如何穿搭更好看
　　　　　CHUAN CHU ZIXIN RUHE CHUANDA GENG HAOKAN
作　　者：Sherry 谢大肉

责任编辑：巨　凤　　　　　编辑部电话：（010）83545974
封面设计：仙　境
责任校对：苗　丹
责任印制：赵星辰

出版发行：中国铁道出版社有限公司（100054，北京市西城区右安门西街 8 号）
印　　刷：天津嘉恒印务有限公司
版　　次：2023 年 5 月第 1 版　　2023 年 5 月第 1 次印刷
开　　本：710 mm×1 000 mm　1/16　印张：14　字数：220 千
书　　号：ISBN 978-7-113-29997-2
定　　价：69.80 元

附赠超值视频

　　一直以来，我都很喜欢时尚穿搭，每天都会思考如何搭配服饰。这里解释一下，我不是"白富美"，不是服装设计专业出身，更不是什么时尚圈知名人士，只是一名爱穿搭、爱分享的普通女性，借着网络平台的优势，得以出现在大家面前，并把自己擅长的时尚穿搭展现出来。

　　这本书是我多年穿衣搭配经验的总结，风格是私人化的，但道理是大众化的。我坚信：想让自己的穿着更自信、更有品位，关键在于穿搭。衣服不是贵就好，而是懂得搭配，掌握技巧，赋予衣服语言，这样才能为我们的职场和生活加分。我希望不同身材、不同风格的女性在读完本书后，都会懂得一些基本的搭配原则与穿衣之术，不再为每天如何搭配而感到烦恼，并且学会精简自己的衣橱，做一名理性的消费者，让自己变得更加大方、自信、有魅力。

本书特色

图文并茂：	本书大量引用笔者作为时尚博主期间在社交媒体上分享过的照片，从休闲风格到通勤风格，应有尽有。
系统全面：	本书从宏观的搭配原则到细节的搭配提示，从必备单品的介绍到实用的购买技巧，系统地介绍时尚穿搭术，是一本全面又实用的穿搭工具书。
超值资源：	本书附赠11个搭配合集，包括春秋季黑白穿搭合集、米色小西服一衣多穿合集、牛仔裤版型合集、夏季背心穿搭合集、夏季短裤一衣多穿合集、夏日度假风穿搭合集、优雅风格穿搭合集等。读者可扫描左上方二维码观看视频。

本书内容

本书内容共5章，包括寻找适合自己的风格、搭配的基本原则、衣橱必备的24件单品、提升搭配气质的细节和购买的艺术。

第1章从寻找适合自己的服饰开始，在了解自己身材的前提下，告诉大家如何选择适合自己的服装颜色、版型和材质，由此找到适合自己的风格。

第2章介绍一些基本的搭配原则，包括根据场合和想要留给人的印象选择服装原则、简洁与和谐原则、上下呼应原则、三色原则、基础色与同色系的搭配原则、休闲风格与通勤风格的打造原则、面料的选择等。

第3章总结了24件衣橱必备的基础款单品，并分别介绍了对于每一款单品的颜色、版型、面料的选择，搭配方式，如何购买等实用技巧。

第4章从细节入手，介绍了如何通过各种细节提升搭配的气质。

第5章讲了如何购买与挑选服饰，尽量在线下试穿，定期整理衣橱并打理衣物，利用旧衣服一衣多穿，做一名理性的消费者。

其中，在第3章～第5章中，部分内容配有视频，更能体现穿搭效果。

本书配套和附赠视频，除扫描书中二维码可下载外，还可通过网址http://www.m.crphdm.com/2023/0317/14564.shtml 和 http://www.m.crphdm.com/2023/0317/14563.shtml下载观看。

适用读者及收获

- 时尚爱好者；
- 想要提升穿搭水平的读者；
- 大学生；
- 职场人士。

通过阅读本书，希望你能找到自己的穿衣风格，能掌握1～2个搭配法则，不再纠结于自己身材的缺点，用简单的搭配穿出人生的自信。我们都是万千普通人中的一员，感谢通过这本书与你相遇，希望这本书能助力你的工作和生活。如果有需要一对一解答的读者，可添加我的微信：sherry_xrou。

Sherry 谢大肉

2022年12月

目录

第 3 章
衣橱必备的 24 件单品

第 4 章
提升搭配气质的细节

第 5 章
购买的艺术

第 1 章

寻找适合自己的风格

穿衣风格可以有很多种，但适合自己的风格只有一种。寻找自己的风格，最关键的是要明白什么才是适合自己的，而想要找到真正适合自己的穿衣风格，还是需要一些技巧的。那么本章就来讲述一下如何寻找属于自己的风格。

1.1 开始第一步：挑选适合自己的服饰

在浏览社交网络或者看电视剧及综艺节目时，我们总是会被各式各样的穿衣搭配所吸引，然后也效仿起来，去买一模一样或者类似款式的衣服回来，但买回家穿上身后才发现，同一件衣服不同的人穿完全是不一样的效果，甚至是"买家秀"与"卖家秀"的区别。我相信很多女性朋友在寻找自己的穿衣风格时都会有这样的体验，包括我自己也曾有过盲目跟风的阶段。

如果有人问："你喜欢什么样的风格？"答案可能有很多种：欧美风、日韩风、甜美风、中性风、休闲风、学院风等。

你可能同时喜欢多种风格，或只钟情于一种。但无论如何，适合自己的才是最重要的。大多数人都是在慢慢摸索的过程中，逐渐形成自己的个人风格。

很多女士是在"想要"的服饰里去寻找"适合"自己的服饰。但我认为，应该挑选真正适合自己的服饰，不适合的即使再想要，也不要浪费时间和金钱去选购。因为不适合的衣服再怎么搭配，也穿不出好效果，最终被冷落在衣橱里积灰。

因此我们**在挑选衣服时，应该首先考虑"这件衣服是否适合我"，而不是"这件衣服是否能搭配我已有的衣服"**。

接下来，就可以尝试各种搭配了。可能一开始，你会觉得适合的衣服难免单调乏味，但它能定义出属于你自己的穿衣风格，慢慢地，你就会发现"用适合的衣服去搭配"的快乐了。

比起盲目地追求潮流，不如用适合自己的衣服来定义出"属于自己的独特风格"。

1.2 了解自己：盘点身材优势和缺点

那么，什么样的服饰最适合自己呢？首先，**我们得充分了解自己，盘点一下自己身材的优势与缺点**。

你的优势是什么？**朋友们经常夸赞你什么？是你的眼睛、头发、肤色、身体曲线、身高、纤细的腰部、修长的四肢、紧致的背部肌肉、傲人的胸围还是迷人的直角肩？** 如果你清楚了解自己最好看的身体部位，就去选择那些能展现和突出你优势的衣服，这样出错的概率就非常小了。

说到缺点，我认为应该用积极的态度去面对，不必对自己太过苛刻。 人无完人，每个人哪怕是明星都会有缺点，而穿衣打扮就是为了淡化缺点。所以，与其想着"我讨厌自己的粗腿"，不如多想想"我的腿部线条不够好看，因此我需要一件能遮盖它，让我看起来曲线更好看的衣服"，或者是"我的胳膊有一点赘肉，所以有袖的衣服会比无袖的衣服更适合我"。

当我们清楚地了解了自己的身材，学会扬长避短，那么在购买衣服时就有了目标、有了针对性的任务。你只需要看一眼，甚至都不用试穿，就能知道什么样的衣服穿在自己身上最好看。

1.3 清楚自己适合哪些版型、材质、颜色

回想一下你的衣橱里，是否有穿过无数次、可以反复搭配的衣服，或者是一穿上就被身边朋友或同事夸好看的衣服？当你和朋友一起逛街时，有没有某件衣服让朋友立刻惊呼"这件衣服简直写了你的名字"？如何，想起来没有？

如果你还是不清楚自己适合的风格，那么穿上一件衣服，站到镜子前，仔细观察自己，如果很喜欢，那这件衣服有可能是适合你的；如果总觉得有些别扭，却又说不出来哪里有问题，那就说明这件衣服未必适合你。尽量多尝试，寻找风格的过程也是一种快乐。

一般来说，衣服的版型分为修身型、适中型、宽松型，如图1.1所示。

图 1.1 修身型可以展现身材的修长纤细（左），宽松版型可以营造休闲感（右）

想展现身材的修长纤细和优美曲线，修身型是很好的选择，但身材偏胖的人要慎重选择修身型；适中型适合大部分人；宽松型可以营造休闲感，或与修身型搭配成"上紧下松"或"上松下紧"的效果，平衡整体搭配，如图1.2所示。但这些不是绝对，每个人适合的版型有所不同，某些细节比如领口的形状和大小、裤脚长度等也会让风格有所变化，如图1.3所示。

图 1.2　上松下紧（左）或上紧下松（右）是平衡整体搭配的常用法则

　　衣服的材质不同，显现的风格也不同。比如一件基本款的上衣，可以有多种材质：丝质或人造丝制成的衣服，质地如雪纺般柔软，会显得富有女人味；百分百纯棉制成的衣服，挺阔有型，张弛有度，会显得干练成熟；棉麻、牛仔、灯芯绒等天然材料制成的衣服，则可以营造休闲随意感，如图 1.4 所示。

　　色彩的力量不容小觑，其不仅能影响穿衣搭配，还能改变形象和心情。性格温和内敛或皮肤白皙的人，可以选择低饱和度的浅色系衣服，如奶白

图 1.3　V领有拉长颈部线条的作用，是脖子较短的人的首选（左），与小高领的上衣（右）有着不同的风格

图 1.4　丝质上衣富有女人味（左），棉质上衣显得干练有型（右）

色、米色、浅灰色、浅粉色、浅蓝色和咖色，如图1.5所示；性格活泼张扬或皮肤黝黑的人，可以大胆选择高饱和度颜色鲜艳的衣服；黑色是非常有分量感的颜色，给人以简洁、庄重的感觉，如图1.6所示。总之，符合你个性的穿搭，让你看起来更具有魅力的颜色，就是适合你的。

图1.5　浅蓝色等浅色给人以温和、平易近人的感觉

图1.6　黑色给人简洁、庄重的感觉

1.4 穿上"显高""显瘦"，就是适合自己的

那究竟什么是"适合"？说到底，**"适合"就是穿上这件衣服后，会令我们的身材更好看**。说得再详细点，就是让自己"显高""显瘦"。

比如说，你穿上一条裤子后特别显腿长，那这条裤子就是适合你的；再比如，你穿上一件连衣裙后显得身材修长、苗条，那这件连衣裙也是适合你的。了解这样的穿衣理念，搭配就会容易得多。

一些女士认为，为了穿衣好看，必须要很高很瘦才行，最好是达到模特的身材标准，为此疯狂瘦身甚至节食。不得不说，这样想就完全错了，现实中很多穿着时尚的女性也并不属于纤瘦型。就拿我自己来说吧，我的身材也有很多缺点，比如个子不高，胳膊和大腿较粗，但照片和视频里的我总是显得又高又瘦、光彩熠熠。实际上，这都是服装在起作用。好的穿衣风格跟身材没有太大关系，而在于你的选择。

如果你个子不高，那么飘逸上衣＋宽松裤子这样的组合会让你显得更矮，把裤子换成修身款，或者把上衣换成贴身的衬衫、背心或T恤，就会好很多；如果你是体型偏胖的女士，就不要选择宽大的衣服，而应该选择合身或线条明朗的衣服，这样会使你看起来很苗条、更有女人味。

一般来说，深色系的衣服比浅色系的显瘦；同色系的衣服可以显瘦，而且有突显身材比例的效果；高腰线服装和高跟鞋也有同样的效果。

身高是先天基因决定的，大部分情况下我们无法改变，但穿衣搭配是可以通过后天学习培养出来的。而穿衣搭配中首要的也是最重要的，就是选择适合自己的服装。

第2章 搭配的基本原则

如果你选择了适合自己的服装，并找到了适合自己的穿衣风格，那么恭喜，你已经掌握了时尚穿搭的基础。接下来通过本章的学习，你将了解到一些搭配的基本规则，穿衣搭配的能力会大大提高。

2.1 判断自己是哪一种身材，H形、苹果形还是梨形

通常来说，女性的身材分为高瘦型、H形、苹果形、梨形、沙漏形。对于亚洲女性尤其是我国女性，沙漏形和高瘦型的身材的女士较少，而H形、苹果形、梨形身材的居多。

现如今，社交媒体信息丰富，网络购物十分方便，每种身材都有很多选择，而穿衣搭配就是找到最适合自己的衣服。衣服应当凸显穿着的人，当你选择了合身、凸显你身型优势的衣服，就会有好的效果。

那如何确定自己属于哪种身型呢？最简单的方法就是照镜子：观察镜子中的自己，是上半身显眼还是下半身显眼，据此可以快速判断自己究竟是哪种身材。典型的身材有如下三种。

（1）**H形身材**。这种身材的人，通常上半身与下半身宽度比例相似，缺少曲线感。由于比较匀称，搭配起来并不难。建议**可以穿宽松慵懒的衣服，但要保证整体搭配处于平衡状态，不要让自己看起来太邋遢。当然也可以大胆尝试紧身的衣服，这会让你显得优雅而轻盈。**如果你的胸部不够丰满，想要让自己上身曲线多一些，可以选择胸前有图案、有褶皱的上衣。如果你是臀部不够翘，那么要尽量避免臀部紧身的裤子或包臀短裙。

（2）**苹果形身材**。这种身材的人往往上半身比下半身更显眼，腹部较胖，四肢较瘦。在搭配衣服时，**一定要突出纤细的四肢，尤其是双腿。**苹果形身材适合腰身宽松的短款连衣裙或者修身长裤，能够把目光吸引到自己修长的双腿。如果你胸部比较丰满，可以选择V领、大方领或露肩的衣服，能够凸显锁骨和脖子，并且把目光吸引到脸部。

（3）**梨形身材**。这种身材的人往往下半身比上半身更显眼，上半身瘦，下半身胖。这类身材**一定要突出身上最瘦的部位，也就是腰部，要选择上紧下松的搭配。**梨形身材适合裙装，不太适合裤装。若想要穿着裤装，选择直筒裤，而不要选紧身裤。高腰阔腿裤是梨形身材的最好选择，因为高

腰阔腿裤的腰部刚好卡在身体最瘦的部位，而宽大的裤腿能很好地遮盖腿部线条。

2.2 根据场合，从下往上开始搭配

确定了自己是哪种身材，接下来的搭配就比较简单了，只需要根据"场合"选择合适的衣服就行了。

大家在日常生活中有没有碰到过这样的情况，看到穿着时尚的人，我们会不由得赞美"那个人的穿着真好看呀！"但如果穿着不适合某个场合，这样的赞美就会变成"那个人虽然穿得好看，但不适合这个场合。"

那么，如何根据场合选择服装呢？很简单，那就是从下往上开始搭配，首先考虑鞋子和下装。

（1）当你要骑自行车去购物或去郊外远足时，就不要穿不方便的裙子，裤装和平底鞋更便于行动，如图2.1所示。

（2）当你的工作需要在办公室久坐时，就不要穿容易起皱的下装。

（3）参加一些正式的场合（比如商务会谈、家长会、生日派对、婚礼等），要穿正式一点的套装或西裤，不要穿运动鞋。

（4）如果你不爱穿高跟鞋，又想穿得有女人味一些，可以选择芭蕾鞋，如图2.2所示。乐福鞋则比较中性化，更适合裤装，如图2.3所示。

就像上文列举的几种场合一样，出门之前先想想今天的行程安排，然后确定下半身的穿着，搭配就变得容易多了。

虽然说我们都想要穿着舒适、便于活动，但每天都穿牛仔裤和运动鞋，未免太单调了些，也会给人留下穿着随性、休闲的印象。有时候，换上一双富有女人味的鞋子、一条裙子，就能让人眼前一亮，改变大家对你的印象。

图2.1

郊游或远足时，平底鞋和裤装
更便于行动

图 2.2
芭蕾鞋可以代替高跟鞋，
作为增添女人味的选择

图 2.3

乐福鞋搭配裤装，更中性
化一些

其实，搭配就是一双合适的鞋子，配了一套合适的衣服（以及合适的包、合适的配饰、合适的妆容、合适的发型），就是这么简单。

2.3　根据自己想要给人留下的印象，选择上衣

根据场合选择下半身的着装，再根据下半身的着装决定上半身。上半身的着装一般要考虑当天你想要给人留下的印象。

想象一下，假如某一天，你要跟一位重要的人物见面，这个人在未来很有可能给你的职业生涯或生活带来深远的影响；或者这天你要和一位潜在客户见面，你希望能与这位客户成功地完成一项业务洽谈；或者这天你将参加一个梦寐以求的工作的面试；或者这天你打算与上司面谈，想要升职加薪；或者这天你第一次与男友的父母见面。在这些情况下，你会穿什么衣服呢？

在回答这个问题之前，首先要回答一个问题：你希望这次见面取得什么样的结果？以及什么样的形象能够帮助你实现这个结果？

是让自己的形象看起来理性又有条理，还是看起来随性一点？你希望给人留下温柔的印象，还是干练的印象？是稳重一点，还是时尚一点？

这时，你需要想一想你要会面的人物，他或她是什么样的人？这次见面是什么样的场景？尽可能在脑海中形成具体的画面。

一般来说，在工作面试场合，若要给面试官留下稳重又能干的印象，则干干净净的白衬衫、合身又得体的西装是首选，如图2.4所示；与客户洽谈时，要使客户感觉到你值得信赖，不要太过明艳或太过时尚，如图2.5所示；与男友父母见面时，要展现自己温柔的一面，穿着就不需要太正式，看起来落落大方就好，如图2.6所示；与男朋友第一次约会时，要尽情展现自己的女性魅力，颜色柔和的针织衫、带有褶皱或荷叶边的上衣，或者印花图案的连衣裙都是不错的选择，如图2.7所示。

当你不仅仅考虑这件衣服是否好看，而是把自己带入穿衣场景中，你就能把握你想要塑造的形象。

这个方法不仅适用于重要特殊的场合，在日常生活中也可以运用。在头天晚上准备好，或者早上起来花十分钟思考一下今天要怎样搭配，而不是花大量时间从衣柜里找出一件勉强能穿的衣服。久而久之，你就会掌握各种各样好看的穿搭方法，搭配就变得得心应手了。

请大家在自己拥有的服装中，根据当天的场合，以及你想要给人留下的印象，来选择合适的搭配。

图 2.4

工作面试时，要给人留下稳重能干的印象，干净得体的白色打底衫或衬衫＋西装是首选

图 2.5

与客户洽谈时，要给人留下值得信赖的印象，简约又不失亲切的修身针织上衣是不错的选择

图2.6

与男友父母第一次见面时，要给人落落大方的印象，
浅粉色针织衫搭配裙装显得温柔又不会太过正式

图 2.7

第一次约会时，要展现自己的女性魅力，柔软的米色针织衫搭配链条包是不错的选择

2.4 搭配得体的秘诀：简洁与和谐

一些女孩认为，要想时尚就得有钱。**虽然昂贵的服饰会起一定作用，但好的穿衣风格并不在于你拥有多少钱的衣服，而在于如何在日常生活中把衣服进行合适搭配**。想要穿衣得体、穿得好看，搭配上就要简洁、清爽，一定不能混乱。

造成搭配混乱的原因一般有以下两个。

1. 要素过多

比如，穿一条黑白印花连衣裙，外面又穿了一件棕色针织衫，还穿了一条黑色紧身裤和一双结构复杂的长筒靴子，还搭配了一条颜色鲜艳的针织围巾。这样的搭配造成的结果就是，让人无法集中注意力，整个搭配让人感觉非常混乱。

2. 注重单品的华丽，忽略整体的和谐

有的女生拥有比较好的品位，每一件单品都很漂亮，但若与她们穿的衣服或饰品不搭配，或者在细节上处理不好，就会造成整体效果不好。带有鲜亮颜色、纹理、褶皱、荷叶边、蕾丝、蝴蝶结、珍珠、水钻等设计的服装，只穿一件，就足够华丽了，配饰要尽可能与服装协调，最好能成为点睛之笔，而不是喧宾夺主。

说到底，一切与审美有关的事物，无论是绘画、音乐、建筑还是时尚，和谐是最重要的法则。我们无法欣赏混乱的、令人困惑的画作，也无法忍受刺耳的、不协调的音乐。同样，和谐是穿衣搭配的基本原则，也是拥有好的穿衣风格的捷径。

如果你实在不知道怎么搭配，就尽可能减少身上单品的数量，记住一条原则：少即是多。试着将上半身的服装减少到两件之内，因为只要超过三件，就会变得混乱，除非它们的版型、材质、颜色都协调一致。

最好的搭配就是上下服装都很简洁，如果觉得过于平淡，可以用包、鞋子、围巾来点缀。另外，饰品、发型、妆容甚至袖子的卷法都可以成为搭配的一部分。

能将这些细节与所穿的每一件单品结合起来，塑造出一个整体和谐的效果，你就是最时尚、最会穿的人。

2.5　上下呼应原则：让搭配更整体

如果你不是时尚高手，请不要轻易尝试高阶的混搭。**最安全也最保险的方法是遵循上下呼应原则，让搭配成为一个整体。**

一般来说，上下呼应原则就是全身上下有两处及以上相同的元素，包括颜色、图案、材质等。

上下呼应常用的方法有包与鞋子同色；配饰（包、鞋子、帽子、围巾、腰带等）与衣服（上衣、裤子）同色；上衣某一图案与包或鞋子上有小面积的相同颜色；甚至饰品与包或鞋子有相同的金属色。 比如，黑色包搭配黑色鞋子，白色包搭配白色鞋子，棕色包搭配棕色鞋子，裸色包搭配裸色鞋子，珍珠耳环搭配珍珠编织包，包上的金色搭扣搭配金属扣乐福鞋，豹纹贝雷帽搭配豹纹单鞋，绑带凉鞋呼应衣服上的绑带元素等，如图2.8和图2.9所示。

上下呼应的好处就是，让你毫不费力就能搭配出一个整体的效果。当你不知道今天这身该配什么颜色的包，或者纠结于佩戴金色还是银色的耳环时，只要想一下这个原则，就会省心省力许多，同时也能避免乱穿乱搭、要素过多的情况出现。

图 2.8

上下颜色呼应，白色鞋子搭配白色上衣、白色包；格纹裙搭配格纹丝巾，相同的元素呼应。

图 2.9

豹纹贝雷帽搭配豹纹单鞋，包的花色图
案也与上下的豹纹图案形成呼应。

2.6 三色原则：全身上下颜色不超过三种

在搭配服装时，记住一个原则，那就是尽量把全身上下的颜色控制在三种之内。因为一旦超过三种颜色，就跟前文提到的要素过多一样，会产生杂乱的效果。

要注意一点，白色不算在三种颜色之内。另外，配饰中小面积的色彩也不算在三种颜色之内。

一般来说，**三种颜色之内，需有一个主色调。主色调通常是在搭配中占最大面积的颜色，它决定了整体搭配的大致方向。然后是辅色调，通常是面积仅次于主色调的颜色**。

例如，柔和的粉色T恤为主色调，辅色调选择冷色调的牛仔裤，是春季的经典搭配，这样就不会显得过于甜美，粉色+浅牛仔蓝还能给人以清爽的感觉，如图2.10所示。

再例如，以浅绿色的背心为主色调，以浅蓝色的牛仔裤为辅色调，再搭配白色T恤，整体给人温和又不失休闲的感觉，如图2.11所示。

还有一点要注意，尽量避免将三原色，也就是红、黄、蓝作为主色调。因为三原色是不能再分解的基本颜色，作为重要场合的礼服也许适合，但不适合日常的穿衣搭配，如果将三原色大面积运用在穿搭中，会给人太过鲜亮明艳的感觉。正确的做法是将三原色作为装饰色，作为包、鞋子或内搭等单品，小面积地出现在搭配中，并以黑、白、灰等中性色作为主色调，如图2.12所示。这样一抹在中性色服装上增加的鲜亮颜色，在略为黯淡的背景中更加突出，显得既时尚又不至于太过张扬。这样通过反差的搭配，吸引人们的目光，成为整体造型的亮点所在。

图 2.10

以柔和的粉色T恤为主色调，辅色调选择冷色调的牛仔裤的穿搭

图 2.11

以浅绿色的背心为主色调，以
浅蓝色牛仔裤为辅色调的穿搭

图 2.12

以黑白+牛仔蓝中性色作为主色调，以红色鞋子作为
装饰色小面积地出现在搭配中

2.7　重复搭配的基础色：黑、白、蓝、驼

年轻时我们都喜欢尝试各种色彩，觉得五颜六色的穿搭很时尚，但随着年龄的增长，衣柜里的衣服淘汰了一批又一批，最终能留下来的，都是基础色的衣服，这才慢慢发觉简洁的美。

基础色有哪些呢？首先是无彩色，包括黑、白、灰三种，它们的彩度接近于零，可以与任何颜色搭配，而不显得花哨。

除了无彩色，还有驼色和蓝色。在服装搭配中，这两种颜色很常见，尤其是蓝色牛仔裤，以及秋冬季节的驼色大衣、毛衣，是经典的基础款单品。所以我把驼色和蓝色也归类在基础色中。

当你为了颜色搭配而烦恼，或者没时间考虑搭配时，基础色是不错的选择。可以上下装都选择基础色的服装，而不用担心会显得单调。在黑、白、蓝、驼四种颜色中排列组合，就可以搭配出很多花样。

另外，基础色不容易过时。流行色也许过了今年，明年就不再流行了，但基础色是永不过时的颜色。能把基础色穿好的人，就会成为别人口中"很会穿的人"。

我平时的购买习惯是，清楚了自己适合的版型后，就选择这几种基础色来购买。比如，H形身材的我很适合穿合身的直筒牛仔裤，我就把同一版型牛仔裤的黑、白、浅蓝色各购买了一条。事实证明，这几条牛仔裤成了我出镜率最高的单品，只需要变换上衣的类型，就可以在一年四季搭配出不重样的穿着。

下面就是我用基础色搭配的示范，包括黑+白、蓝+白、蓝+黑、驼+蓝、驼+白、驼+黑、驼+白+黑这几种颜色的搭配，如图2.13～图2.30所示。

图 2.13

黑+白　相比于上白下黑，上黑下白的搭配更加简洁而有力量。泡泡袖的设计就已经很有气质了，高跟鞋、手提包、珍珠耳环、贝雷帽等配饰的加入，让整体造型更加优雅

图 2.14

黑+白　上白下黑的搭配最为常见，为避免单调，可以增添一些细节，比如带荷叶边的一字领、裤脚开衩的珍珠，以达到丰富的效果

图 2.15

白+蓝 白色与浅蓝色的搭配总是能给人清爽的感觉，法式白色上衣的优雅，与宽松牛仔裤的休闲碰撞在一起，组成时尚又减龄的穿搭。

图 2.16

白+蓝 白色衬衣泡泡袖口、胸前褶皱的设计,让造型更加俏皮可爱。这一套白+蓝的搭配中,还加入了一点驼色的元素,相同颜色的帽子、包、鞋子让穿搭显得更为整体

图2.17

黑+蓝　黑色与蓝色也是不容易出错的颜色搭配，熟女气质的黑色上衣，中和了牛仔裤的休闲感，再配上贝雷帽和芭蕾鞋，感觉更精致

图2.18

黑+蓝 因为黑色给人的视觉冲击比较强烈，所以吊带上衣采用柔软、有垂坠感的材质。将上衣下摆塞进腰间、卷起裤脚、扎起马尾等细节更显清爽

图2.19

蓝+白+黑 黑、白、蓝三种颜色无论怎样穿搭都不会出错。白色和蓝色作为主色调，黑色作为辅助色，将内搭针织衫、帽子、鞋子穿插在整体造型中，以达到平衡的效果

图 2.20

蓝 + 白 + 黑　在这一身搭配中，鞋子、包、腰带和帽子这些配饰统一用黑色，以小面积的形式出现，让整个造型就有了更加精致的效果

图 2.21

驼+蓝+黑 气质的驼色与明快的浅蓝色相遇，会散发出令人惊喜的高雅。柔软的细针织上衣，下摆塞进裤腰里，再叠加上黑色的腰带与包，显得既沉稳干练，又清新脱俗

图 2.22

驼+蓝+黑　相较于沉闷厚重的深色大衣，驼色大衣更显轻盈，浅蓝色牛仔裤也增添了休闲气息，黑色高领针织衫和拼色高跟靴则使你的气质更上一层

图 2.23

棕+白　棕色是非常成熟的颜色，但对于亚洲人来说，棕色的衣服会使你的面部皮肤显得暗沉，需要用白色来提亮，最好的方法就是上白下棕，让棕色远离面部

图 2.24

驼+白　白色与驼色的搭配很有秋冬的感觉，白色负责清爽的视觉效果，驼色负责成熟的气质。同时用条纹丝巾来提升整体造型的质感

图2.25

驼+黑 这套搭配中偏浅的西装颜色、九分牛仔裤与棉袜的搭配、偏女性化的贝雷帽、复古花色的包都在细节上削弱了沉闷感

图 2.26

棕+黑 对于容易显得厚重的"冬之黑",用短款的棕色羊羔绒外套和挽起的裤脚就能打破这种厚重感,给人以可爱又时髦的感觉

图 2.27

驼+白+黑　摇粒绒外套和牛仔裤，与高领羊绒衫和羊毛贝雷帽一搭配，马上有了气质。相比厚重的靴子，露脚背的芭蕾鞋更显清爽

图 2.28

驼+黑+白　同样将驼色作为外套的颜色，将上下身的颜色对调一下，上白下黑变成上黑下白，就能轻松搭配出不一样的效果

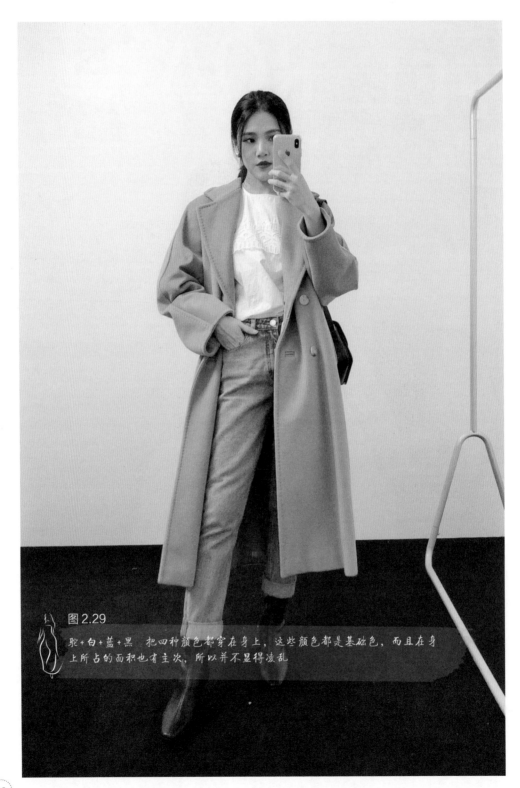

图 2.29

驼+白+蓝+黑 把四种颜色都穿在身上，这些颜色都是基础色，而且在身上所占的面积也有主次，所以并不显得凌乱

图 2.30

驼+白+蓝+黑　把冬天的大衣换成短款带垫肩的灯芯绒小西服，
搭配皮质腰带与乐福鞋，显得更复古、更干练

2.8　同色系让搭配更简单

同色系原则，是指全身以同色系为主，尤其适合25岁以上轻熟风格的女性。年轻的女孩穿同色系会显得有些老气，而成熟一点的女生这样穿，会让人感觉更有气质和韵味。

在不知道穿什么衣服的时候，我也会选择同色系的搭配，相同的色系让搭配变得简单起来。

同色系搭配在颜色上，可以选择上文所说的基础色：黑、白、蓝、驼。使用这四种颜色不仅不容易失败，还能搭出令人印象深刻的造型。

其中，白色服装可以搭配深色（黑色、深棕色等）的饰品，体现立体感，如图2.31所示；黑色服装可以用浅色（白色、银色等）点缀，让整个造型不那么沉闷，如图2.32所示；蓝色系可以用不同色调的蓝色（如灰蓝、粉蓝等）进行搭配，如图2.33所示；同理，驼色可以和米色、棕色进行深浅搭配，以保证每件衣服的颜色都为咖色系，这样既有整体感，又有层次感，如图2.34所示。

另外，即使是同色系，也可以利用材质的差别对比来营造出时尚感，比如材质柔和的白色的针织衫搭配材质挺阔的白色西装裤，再加上金属配饰等细节打造时髦感。可以观察一下，社交媒体上很多轻熟风的时尚达人都爱这么穿。

图 2.31

白 + 白　白色与白色搭配起来稍有难度，可以通过材质的差异，以及腰带、包等配饰加以调节

图 2.32

黑+黑 在整体黑色的造型中，用白色的内搭 T 恤和鞋子的白色色块作为调节，来缓和全身黑色的庄重感，同时也让整体风格瞬间变得轻盈

图 2.33

蓝+蓝　将色彩独特的雾霾蓝毛呢大衣与浅蓝色牛仔裤搭
配起来，就成了气质温柔的秋冬装扮

图 2.34

米咖色 同色系搭配的一个要点就是利用同一色调但不同深浅的颜色，使搭配层次分明、张弛有度，达到自然和谐的效果。例如，白色裤子搭配米色套头毛衣与驼色披肩就恰到好处

2.9　真正适合自己的颜色

不同的色彩带给人不一样的感受。黑色给人以高级感；白色给人以纯洁感；灰色显得有品位；驼色给人温暖厚重的感觉；粉色让人感觉柔和、年轻、有女人味；红色让人感觉华丽、喜庆；黄色让人感觉明亮；蓝色和绿色让人感觉清爽；藏蓝色则是知性成熟的感觉。

那怎样才能确定哪种颜色适合自己呢？首先，需要观察一下自己的肤色，如果你属于冷白皮，那么恭喜你，几乎各种颜色你都能驾驭；如果你属于黄皮肤，那么尽量避免黄色、绿色还有橙色的衣服，而红色、蓝色和紫色更适合你；如果你属于粉皮肤，那么黄色和绿色更适合你。

另外，一个人的气质也能决定她穿哪种颜色好看。气质很好的人能把黑、白、灰、米、驼这类中性色穿出高级的感觉，大红大紫会显得庸俗；皮肤黝黑、性格奔放的人可以放心大胆地穿夸张的颜色，高饱和度的色彩反而比中性色更适合。

如果某种颜色适合你，你一定能察觉出来。适合你的颜色会让你看起来更健康、更有活力，衬托你的气色；反之不适合的颜色会使你脸部皮肤黯淡无光且显得疲惫。

其实大部分中国人属于黄皮肤、深色头发，面部轮廓较为扁平。相较于金发碧眼、面部立体的欧美人来说，我们更适合柔和的、饱和度低一些的颜色。

所以我**建议大家先投资基本款的服装，等你的衣柜里全是容易搭配的基础色衣服后，就可以通过购买其他单品，以增加一些不太常用的鲜艳色彩，比如开衫、包、鞋子、围巾等。这些单品不需要买太贵的，就能让每天的基础色搭配有焕然一新的感觉。对于这些单品，买了以后不用担心穿不出去，也不用花太多时间去考虑如何搭配，只用在中性色服装中增加一点亮色，就可以穿出不一样的感觉。**

2.10 如何打造休闲风格与通勤轻熟风格

休闲风格和通勤轻熟风格是大多数20~35岁会选择的穿衣风格，所以本节就来详细讲一下如何打造这两种风格。

将休闲作为主要风格的穿衣搭配，会显得比较随性，比较适合校园气氛，显得青春又有活力。但**如果你已经步入社会，在职场上还是需要以轻熟风格为主，穿得太过休闲会略显孩子气。但也没必要太过正式，以优雅元素为主，混合一点休闲元素，比较适合职场氛围**。

把握这两种风格的关键在于搭配元素的比例。举个例子，普通的白衬衫搭配牛仔裤，这两个元素都是休闲的，搭配出来的整体效果就会偏休闲风格；把白衬衫换成丝质衬衫或褶皱罩衫，就会变成一半休闲一半优雅的搭配，也会显得更时尚；再把牛仔裤换成剪裁利落的九分裤，九分裤+柔软上衣，这两个元素都是优雅的，搭配出来就是成熟的都市女性风格，如图2.35所示。

休闲元素有：运动服、运动裤、卫衣、连帽外套、宽松T恤、条纹衫、格子衬衫、牛仔裤、运动鞋、休闲双肩包、帆布包、棒球帽等。

介于休闲和优雅之间的元素有：粗针针织衫、牛仔衬衫、纯棉衬衫、西装外套、呢子大衣、A字短裙、阔腿裤、托特包、靴子、平底鞋、墨镜等。

优雅元素有：柔滑上衣、罩衫、羊绒衫、粗花呢外套、过膝A字裙、九分裤、白色裤子、高跟鞋、芭蕾鞋、皮质斜挎小包、链条包、晚宴包、中等大小搭扣手提包、羊毛围巾、丝巾、珍珠项链、贝雷帽、宽檐帽等。

在穿衣的整体搭配中，休闲元素越多，则越偏向休闲风格；反之，优雅元素越多，则越偏向轻熟风格。

图2.35　普通白衬衫搭配牛仔裤，偏休闲风格（上左）；罩衫搭配牛仔裤，一半优雅一半休闲（上右）；柔软上衣搭配九分裤，优雅的通勤轻熟风格（下左）

2.11 想要变得美丽又气质，就选择柔软的面料

当你想要在某一场合给人留下美丽又有气质的印象时，柔软的面料是首选。因为人在社交距离的相处过程中，第一眼注意到的也许是对方衣服的颜色和花纹，但能给人留下深刻印象的，一定是上乘的面料。

柔软的面料包括真丝、雪纺、羊毛、羊绒、马海毛、粗花呢、细针织、柔软的棉等。这些材质给人成熟、有魅力的感觉，也会让你的衣服显得很高级，如图2.36与图2.37所示。

如果你总是发愁没有拿得出手的衣服，那么你应该审视一下自己的衣橱，是不是在材质上比较单一？或者全都是休闲风格的棉质或毛圈布卫衣外套？

这里我推荐大家购买不同材质的衣服。**在购物之前，先想一下自己是否已经拥有大量相同材质的衣服。** 比如说，如果你衣橱里的衬衫几乎全是棉质或牛仔布的，那么可以考虑添一件丝绸质地的衬衫。再比如，如果你衣橱里的针织衫全都是粗针织的、棉质的、聚酯纤维混纺的，那么在下次购物时，你应该考虑细针织的或者羊绒材质的。

拥有各种材质的衣服，你就能轻松选择适合各种场景的着装。了解不同的材质，选择适合的材质，你的穿衣品位就会得到提高。

图 2.36

细针织上衣+羊毛裤子

图 2.37

雪纺上衣+粗花呢裙子

第 3 章

衣橱必备的24件单品

那些具有个人风格和时尚魅力的女性非常懂得如何购买合身的衣服，以及如何体现自己的气质和风格。当你仔细观察后会发现，无论她们是何种风格，她们的衣橱里都少不了一些基本款。

基本款是人人必备的款式，它们不会被潮流左右，经得住时间的考验，即使5年、10年后再拿出来穿也完全不会过时。基本款几乎可以与其他任何衣服搭配，款式不同、颜色各异的衣服都可以混搭出得体的效果，而且不会有那种"用力过度"的感觉。

本章介绍的24款基本款单品，不论是哪一款，都可以在搭配中反复地利用，因为利用率高，即使全部购买也称不上浪费。拥有这些单品，搭配将会变得轻松、方便许多。

3.1　经典小黑裙

如果说基本款单品像一块空白的画布，可以在上面任意作画，那么小黑裙就是那块最基本的空白画布。**简简单单的小黑裙，可以衬托出穿着者自身的美，它不会抢夺目光，反而会突显你的优点**。它的简洁衬托出你的自然与俏丽，它的雅致衬托出你的成熟与魅力。

经典小黑裙能经受住时间的考验，可可·香奈儿、奥黛丽·赫本都是小黑裙的忠实粉丝。直到今天，小黑裙仍是优雅、合身、实用的设计典范。

衣橱里有一件小黑裙，可以轻松应对各种场合：受邀参加派对活动，可以搭配高跟鞋、亮丽的首饰和优雅的发型；日常通勤出行，可以搭配小西服外套和平底鞋。一件合身的黑色连衣裙，不会显得太郑重，也不会显得太随意，如图3.1所示。

在挑选小黑裙款式的时候，可以不必小巧，但一定要简洁。款式有A字形、直筒形、铅笔形，领型有圆领、大方领或V字领，袖子长度有无袖、五分袖、七分袖或长袖，设计有抹胸式、吊带式、挂脖式等，整体风格可以修身也可以飘逸，可以庄重也可以个性，如图3.2与图3.3所示。选择什么样的款式，取决于你的喜好。完美的小黑裙一定是适合你自己的，既符合你的身材，也符合你的风格。

图 3.1

越是款式简洁的小黑裙，
越适合正式场合

图 3.2

偏甜美风格的泡泡袖方领小黑裙，适合较年轻的女生，优雅中带着可爱

图 3.3

如果你对自己的身材很自信，那么请大胆尝试
吊带小黑裙，简约中带着恰到好处的性感

3.2　完美的连衣裙

每位女士都应该有一条"完美、性感"的连衣裙。我愿意称之为"命中注定的裙子"，因为它并不那么容易被找到，也不是在商场随便就能买到的，而是在意想不到的时候与它相遇，在旅行的时候，或者在某家二手店里。所以我建议所有人都去找到这条神奇的裙子。**一见到它，就像谈恋爱般一见钟情，你会立刻爱上它，你凭直觉就会知道"就是它了"。**

它是一条独具风采的裙子，是一条即使花大价钱也值得购买的裙子，是一条3年、5年甚至10年后你依然会喜欢的裙子。这条裙子无论是颜色还是版型，一定都非常适合你，体现了你的穿衣风格。**当你穿上它，你自己都会感觉自信起来，别人也会夸你好看，仿佛周遭的一切都会黯然失色，这就是"完美连衣裙"的魅力，一点也不夸张。**

完美的连衣裙因人而异，可以是法式的裹身印花裙，可以是红色的抹胸一字裙，可以是黑白波点的吊带裙，可以是条纹度假裙，可以是异国情调的串珠装饰连衣裙，可以是怀旧的丝绒礼服裙，也可以是合身又大气的晚礼服裙。完美的连衣裙能够代表你，让人快速认出你、不停地赞美你。图3.4～3.6是我自己的完美连衣裙，希望正在看书的你，也尽快找到属于自己的"完美连衣裙"。

图 3.4
完美的连衣裙

图3.5

狠心花大价钱买下了这条连衣裙，在三亚度假时穿着它拍下了这张照片

图 3.6

这条连衣裙价格不贵，但非常好穿，纯棉质地舒服又凉快，蓝色格纹清新又上镜

3.3 A字形半身裙

扫码看视频

前面我们提到，不同的身材适合不同版型的半身裙。但有一款半身裙，几乎所有身材都可以穿，还能穿出迷人的女人味，那就是A字形半身裙（下简称：A字裙）。

在A字裙里面有不同的款式，可以根据自己的身材来选择。身材高挑又单薄的可以选择长款，身材小巧或可爱的女生可以选择短款，苹果形身材可以选择窄身一些的款式，梨形身材的可以选择高腰+大裙摆的款式。

在颜色方面，我建议大家购买黑、白、蓝、驼这些基础色，如图3.7所示，方便与衣橱里的其他衣服搭配，如图3.8与图3.9所示。在材质上，可以选择丝质、棉质、亚麻、牛仔、羊毛、呢子等。

每位女士可以有两条基本款A字形半身裙：一条为黑色的，另一条为白色的。基本款A字形半身裙很好搭配，只需更换搭配的衣服和配饰，就能变换不同的风格。在办公室上班的女士，可以A字形半身裙配一件丝质衬衫，会显得十分优雅；若去海边度假，则配一件挂脖吊带衫和一双轻便的草编鞋，回头率一定超高；配一件针织开衫和一双舒适的平底鞋，你就是"性感"的温柔女神；配一件男士基本款白衬衫，解开领口扣子，卷起袖子，再配上一双基本款高跟鞋，既适合在家里穿，又适合参加酒会时穿。

图 3.7

A 字形半身裙

图3.8

黑色高领上衣与驼色A字形半身
裙搭配，更显气质的熟女韵味

图 3.9

上黑下驼是容易穿出工装风的颜色搭配。如果上衣柔软有垂坠感，加上 V 字形领口与 A 字形的裙摆，整体风格立刻变得优雅

3.4　黑色西裤

扫码看视频

没有什么衣服比黑色西裤更百搭了。基本款西裤款式很完美，面料也很好，你可以穿着它去任何场合。若你的衣橱缺了一条面料上乘又合身的黑色西裤，将不再完美。

黑色西裤（如图3.10所示）不论是休闲风格还是通勤轻熟风格都适合，是一条万能基本款的裤子，可以根据其他搭配的衣物来决定穿着风格，如图3.11与图3.12所示。搭配棉质衬衫和高跟鞋，能展现你的自信与魅力；搭配T恤和运动鞋，更能衬托你的活力。

在此推荐大家选择不容易起皱的面料，毕竟西裤本来是简洁又利落的单品，没有人希望在某些场合，因为裤子上难看的褶皱给别人留下邋遢的印象，破坏自己一天的好心情。另外要注意，尽量避免毛呢材质的黑色西裤，因为很容易粘毛，且不易清理。

买到一条完美的黑色西裤不容易，我建议大家要经常去商场试穿，以找到适合自己的西裤，在自己的消费范围内，尽量丰富你的衣橱。另外，买到的裤子大都需要修改，因为每个人的身材不一样，有的裤子穿起来臀围正好合适，但腰太肥；或腰围大小合适，但裤身太长。这两种情况很常见。包括我买的裤子，不是将腰围改小，就是将裤长改短。

图 3.10

黑色西裤

图 3.11

高腰阔腿版型的黑色西裤搭配米色棉质上衣与
黑色高跟鞋，通勤时这样穿，简约而不简单

图 3.12

如果想穿得休闲一些，黑色
西裤也可以与运动鞋搭配

3.5　九分裤

扫码看视频

相比于长裤，我更推荐九分裤（见图3.13），这种裤子的裤腿稍短一些，可以露出脚踝，让你看上去更加干练，如图3.14与图3.15所示。

在版型的选择上，九分裤有锥形裤、直筒裤、阔腿裤等多种款式。其中，锥形裤是大腿围比较宽松、裤脚略微收紧的版型的裤子，比较偏优雅风格；直筒裤是上下一样粗细的版型的裤子，比较偏中性风格；阔腿裤是腰身较细、裤腿宽松的版型的裤子，尤其适合梨形身材。在材质上，可以是亚麻，可以是羊毛，也可以是涤纶。

九分裤是非常百搭的衣橱单品，比紧身裤更便于行动，所以无论是上班族还是学生都可以穿。在工作场合搭配高跟鞋，显得干练又有气场；在休闲场合搭配运动鞋，让你看上去很有活力；秋冬季节搭配袜子和平底鞋，衬托你的气质，同时保暖又舒适。

如果买不到合身的九分裤，可将买回来的合身的长裤进行量身裁剪，即可得到一条合身的九分裤。切记，裁剪的九分裤的长短以露出脚踝为宜。

图 3.13

九分裤

图 3.14

灰色格纹九分裤搭配乐福鞋，比较偏中性风，用柔软的 T 恤和链条包来平衡，让整体造型更加女性化

图 3.15
露脚背的平底鞋与利落的九分裤搭配得刚刚好，加入黑色的圆环扣腰带更显精致

3.6　合适的牛仔裤

扫码看视频

　　1873年，李维·施特劳斯与雅各布·戴维斯设计出适合旧金山淘金者穿着的蓝色牛仔裤。从那时开始距今100多年，牛仔裤已经从最开始结实耐穿的裤子，变成了性感、简洁、休闲、实用的代名词。

　　牛仔裤（见图3.16）既优雅又叛逆，一个女生穿上牛仔裤就会立刻拥有独具一格的气质。而且牛仔裤**有一种神奇的魔力，任何衣服与之搭配都会变得平易近人，就连笔挺的西装跟牛仔裤搭配，都会变得轻松又休闲了。**

　　牛仔裤在搭配的时候几乎是万能的，无论你想穿出休闲风格还是轻熟风格，都可以使用它。休闲风格的首选是"男友款"牛仔裤，这种版型的牛仔裤裤腿比较宽松，可以修饰腿形，如图3.17所示。想要搭配出轻熟风格，建议选择紧身牛仔裤，它可以塑造臀部曲线，拉长双腿，让你的身型看起来更性感，如图3.18所示；或者高腰阔腿牛仔裤，搭配高跟鞋与修身版型的上衣，让你看起来更高挑、更纤细。

　　牛仔裤的颜色应有尽有，比如经典牛仔蓝、天蓝色、粉蓝色、藏青色、黑色与白色等。版型上有高腰款、男友款、紧身款、微喇款、阔腿款等，裤长有七分和九分两种，各式各样。更不用提每季都会出的各种流行设计款式的牛仔裤。所以牛仔裤永远也不嫌多，这样完美又实用的基础单品，拥有得越多，搭配起来就越方便。

图 3.16

合适的牛仔裤

图 3.17

裤腿宽松的男友风牛仔裤是休闲风格的首选，用鲜亮的黄色披肩做点缀，可增加造型的层次感

图 3.18

修身牛仔裤可以视觉上拉长身材比例，白色更加突显
女人味，与小西服就能轻松搭配出熟女通勤风格

3.7　经典白衬衫

扫码看视频

经典白衬衫与蓝色牛仔裤一样，是21世纪现代着装风格的关键要素。**白衬衫既简单质朴，又经典实用，一年又一年经受住了时间的考验。不论你是18岁还是80岁，任何年龄都可以穿白衬衫，它适合每一个人。**

相比于合身的女士白衬衫，我更推荐男士白衬衫（见图3.19），没有什么比一个女人穿着男士白衬衫更性感、更有魅力了。如不信，可以看看巩俐在戛纳电影节上白衬衫搭配黑色长裤的经典红毯造型，还有《罗马假日》中奥黛丽·赫本白衬衫搭配长裙的优雅倩影。

白衬衫可以搭配牛仔裤、黑色西裤、长裙甚至长礼服。想要随性一些，就把袖子随意地挽起来，或者搭配一个披肩；想要优雅一些，可以在脖子上系一条丝巾；想要性感一些，就解开最上面两颗扣子，露出锁骨线条；想要气质一些，可以像明星一样把衣襟在腰上缠起来，在前面打个结。

挑选白衬衫时，我推荐纯棉的材质。纯棉的白衬衫厚度刚刚好，可以穿出立体感。另外，在穿着白衬衫的时候，需把下摆塞入裤腰，这样会显得干净又利落，如图3.20与图3.21所示。

图 3.19

经典白衬衫

图 3.20

此图中的我将男款白衬衫下摆随意系起，露出腰间肌肤，慵懒与性感尽现

图 3.21

白衬衫加牛仔裤完成了最简洁的搭配；
也可以把图中的乐福鞋换成运动鞋

3.8 丝质衬衫

一件合身、质量上乘的白色或浅色丝质衬衫是衣橱里必备的基本款上衣。**比起白衬衫，丝质衬衫的柔软质地更能衬托出女性的优雅魅力，是轻熟风格不可或缺的单品**，如图3.23所示。

无论领口是纽扣的款式，还是系带的款式，都是不错的选择。颜色上可以选择纯白色、米色、浅粉色、浅蓝色或者黑色，白色和浅色能向上反射光线，把人的目光吸引到你的脸部，而黑色则多了份庄重与雅致。

丝质衬衫可以搭配A字形裙、黑色西裤，外面穿一件小西服，或者干脆搭配牛仔裤，把休闲和优雅两种风格混搭在一起，呈现自然又时尚的风格，如图3.24所示。

如果预算充足，可以选择真丝的面料，一件质量上乘的真丝衬衫能提升你整个衣橱的档次，比起买一堆质量欠佳的上衣，乱糟糟地堆在那里，投资一件好的上衣其实更划算。如果预算有限，用人造丝代替真丝也不错，现在很多品牌都会推出一些柔滑的人造丝衬衫，质量看上去一点儿也不输真丝衬衫。

图 3.22

丝质衬衫

图 3.23

酒红色的真丝衬衫搭配黑色阔腿裤，V领
大领口，突显轻熟优雅又慵懒的风格

图 3.24

宫廷风的米白色丝质衬衫搭配牛仔裤，简单自然又不失甜美气质。图中的人造丝衬衫有着不输真丝的质感，但价格要"平易近人"许多

3.9　T恤衫

T恤衫（下简称T恤）的作用与丝质衬衫相似，但T恤衫适合在更休闲的场合穿着。在穿便装的场合中，T恤衫就是最简单、最适合不过的单品了。

扫码看视频

T恤（见图3.25）可以把一个人的身材最直观地体现出来，所以在购买T恤的时候，要找到适合自己的版型和尺码。合适的T恤能让你看起来苗条很多。

颜色上首先推荐白色T恤衫，一件棉质、合身、简洁的基础款白色T恤就能给人清爽又有品位的印象，如图3.26所示。其次，推荐黑色和灰色，这些中性色的T恤构成了衣橱中的重要组成部分，几乎可以跟任何下装搭配起来。这些中性色T恤都备全了以后，可以根据自己的喜好再购买其他颜色的T恤。

另外，不同款式的T恤也可以多囤几件，比如小圆领的、V领的、一字领的，等等。想要给人"女性化"多一些的印象，就要避免过于宽松肥大的T恤，而是选择领口大一些的，或者柔滑面料的T恤。

图 3.25

T 恤衫

图 3.26

最简洁也是最百搭的白色 T 恤，搭配牛仔裤就足够时髦了，加入金属色配饰更显精致

图 3.27

白色字母T恤与牛仔裤的居家搭配，简单扎起马尾，
将T恤的下摆塞入裤腰，给人清爽的印象

3.10 条纹上衣

扫码看视频

想象一下**夏日的周末，在海滩度假，在阳光下打盹，没有什么比条纹上衣更适合这个场景了。**条纹上衣最初由水手的海魂衫演变而来，被可可·香奈儿穿成了经典，至今仍是法式穿搭的经典单品之一（见图3.28）。

基本款条纹衫给人大方、简洁的美感，搭配A字裙、牛仔裤、白色裤子、九分裤都合适。既可以单穿，又可以配一件小外套或风衣，能搭配出休闲的风格，也能搭配出优雅的风格。

款式上我推荐一字领的条纹上衣，如图3.29与图3.30所示。因为一字领与横线图案相得益彰。如果是V字领，就体现不出条纹的美感，而且一字领能使你的锁骨若隐若现，展现迷人优雅的美。颜色上除了黑白条纹，还可以选择蓝白条纹和红白条纹等。黑白条纹最经典也最简约；蓝白条纹清爽又干净，有种海军风格的气息；红白条纹则更加活泼，复古又靓丽。

合适的尺码也是关键。**横向条纹在视觉上有一定的延展性，所以宽松大尺码的条纹上衣会显胖，本身比较丰满的人更是要避免。**因此推荐修身一点的条纹上衣版型，会显得利落，也容易提升气质。

图 3.28

条纹上衣

图 3.29

一字领的条纹上衣搭配修身牛仔裤就会给人妩媚的感觉。用趣味的包作强调，突显夏日的气息

图 3.30

条纹上衣与宽松牛仔裤是比较休闲的搭配，披肩的加入增加了上半身的层次感

3.11　羊绒套头衫

衣橱里若没有羊绒套头衫，就跟没有质量上乘的丝质衬衫和T恤衫一样，是一个较严重的缺失。一件品质好的羊绒衫远胜过十件次品，一件打理得好的羊绒衫甚至可以穿一辈子，是非常值得的投资。

羊绒衫非常轻薄，也很御寒，不会像厚毛衣那样臃肿。可以贴身穿，也可以在里面穿一件贴身的保暖内衣。注意，要选择合身的尺码，可以很好地展示身材，不会显得邋遢（见图3.31）。

羊绒套头衫几乎可以与任何衣服搭配，比如牛仔裤、九分裤、半身裙、大衣、风衣、西装外套等。无论是圆领、V领还是高领的羊绒衫，跟牛仔裤简单一搭，就会显得精致又有品位，尤其是基础色的羊绒衫，穿上很显成熟气质，如图3.32与图3.33所示。

材质上**我推荐山羊绒，细腻奢华又具有光泽，随着时间的推移会变得更加柔软。比起普通的绵羊绒，山羊绒不容易起球，不容易起皱，也不会变形，而且更轻薄、更暖和。**羊绒衫价格各异，现在很多品牌的都有品质优良，价格又亲民的选择。

图 3.31
羊绒套头衫

图 3.32
羊绒高领衫作为内搭贴身穿在摇粒绒外套里，
只露出来一点点，更显别致

图 3.33

同色羊绒衫与九分裤搭配，用丝巾、靴子
等配饰加以调节，使整体增加些变化

3.12　针织开衫

前文提到过衣服的颜色应尽量选择黑、白、灰、蓝、驼等基础色，但到了针织开衫这里，你可以尽情选择亮丽的颜色。比如平时很少穿红色、绿色和黄色，可以偶尔买一两件这些不常穿的颜色的开衫，作为衣橱里的"调剂品"（见图3.34）。

因为开衫，尤其是薄款开衫不会占据很大面积，所以不必为颜色而纠结。而且，如果内搭是白色T恤衫或白色吊带，就可以与任何颜色的开衫搭配了。

开衫的使用方法也有很多，可以直接单穿，搭配牛仔裤、九分裤或半身裙，可以敞开也可以扣上纽扣，如图3.35与图3.36所示。**开衫可以搭在肩膀上当作披肩，可以系在腰上，也可以拿在手里。**

各种各样的针织开衫你都可以拥有，比如修身的、宽松的、厚款的、薄款的、短款的、长款的、圆领的、V领的，等等。若是上半身比较纤瘦的女士，适合短款、修身的、经典的款式；若是上半身比较丰满的女士，则适合宽松、长款的、带有口袋和大扣子的款式。圆领比较淑女一些，V领则显得比较休闲、帅气一些。

图 3.34

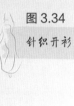

针织开衫

图 3.35

将开衫的纽扣扣上，下半身搭配工装风格的米色半身裙，再搭配一双白色运动鞋和白色袜子，体现休闲风格

图 3.36

绿色开衫敞开，露出白色内搭，搭配驼色阔腿长裤，体现通勤风格

3.13　小西服

扫码看视频

小西服（见图3.37）是变换穿衣风格不可或缺的单品，如果你很喜欢女式衬衫和牛仔外套，就不能错过小西服。

不论是套装里的西服上衣，还是单品，款式和剪裁好的小西服能够塑造肩线、显腰身、藏住手臂赘肉，让你看起来显得更加凹凸有致、更有精神，如图3.38所示。

有时候其他的单品搭配小西服，都会有意想不到的效果。春季用米白色小西服搭配碎花连衣裙，清新又优雅，如图3.39所示；秋季用灯芯绒小西服搭配夏装裙和过膝靴，帅气又时尚；冬季用羊毛小西服搭配高领羊绒衫和牛仔裤，非常有气质；甚至休闲的T恤衫加上一件小西服，也会变成通勤也能穿的衣服。

小西服的颜色和材质可以根据自己的喜好来选择，但版型一定要合身，过于宽松的西服仿佛是偷穿了爸爸的衣服；而过于修身的西服则穿上像销售人员。 颜色上建议大家购买黑色或藏青色，这两种颜色是最百搭也最实穿。如果你已经有了一件这种颜色的小西服，就可以选其他颜色和图案的，如卡其色、米白色、酒红色、格纹等。

图 3.37

小西服

图 3.38

剪裁合身的小西服除了平时通勤穿，在休闲场合搭配T恤衫与牛仔裤也很好看，不会过于正式，也不会过于随意

图 3.39

白色短款小西服搭配碎花连衣裙，散发出春日的气息

3.14　牛仔外套

扫码看视频

牛仔外套（见图3.40）是存在感很强的单品，穿上就有一种很帅气的感觉， 也是衣橱里春秋天必备的上衣之一。

牛仔外套本来是偏男性化的，所以穿着时可以搭配一些女性化的服装， 比如白色裤子、连衣裙、半身裙、高跟鞋等，来中和一下牛仔外套本身的男性化气质，如图3.41与图3.42所示。搭配吊带连衣裙和高跟鞋，就会给人以性感又帅气的感觉；搭配T恤衫和裤装，就会给人以休闲的感觉。

牛仔外套有很多款式，修身的、宽松的、经典的、个性的、短款的、长款的等，也有浅蓝、深蓝、白色、黑色、粉蓝等多种颜色，可以根据自己的喜好来选择。如果实在不知道如何挑选，建议大家购买一件蓝色经典款的牛仔外套，万能又百搭，可以穿很多年也不会过时。

图 3.40

牛仔外套

图 3.41

牛仔外套搭配一身白色，中和了牛仔
外套的硬朗感，又不失帅气的感觉

图 3.42

牛仔外套很适合在旅行时穿着，尤其适合乡间、草原等场景

3.15　经典款风衣

扫码看视频

　　风衣（见图3.43）的雏形是在第一次世界大战时期为英国军官设计的双排扣军大衣，虽然现在已演变成日常的服装，但最初实用主义的细节设计被保留了下来。风衣轻便、优雅、永不过时，在风大或经常下雨的地区，一件经典款风衣是衣橱里的必备单品。

　　风衣的款式有基础修身款、宽松长款等，基础修身款风衣面料厚且硬挺，下摆在膝盖以上，成熟又沉稳，适合任何身材的人穿着；宽松长款风衣面料一般更轻更软，具有垂坠感和更强的休闲感，适合身材较为纤瘦的人。风衣的颜色有卡其色、深蓝色、黑色等，我个人比较推荐卡其色，穿上它有春秋季的季节感，而且跟其他任何颜色搭配都不困难。

　　风衣可以搭配T恤、羊绒衫、条纹上衣、连帽衫、牛仔裤、半身裙、连衣裙等，无论是轻熟风格还是休闲风格，都很好看，如图3.44与图3.45所示，但最好不要搭配带领的衬衣，会跟风衣的领子重复，显得杂乱。另外，是否把领子立起来、是否系腰带、是否卷起袖子等小细节也会影响风衣穿着的整体效果，所以在穿风衣的时候也不要忘记这些细节。

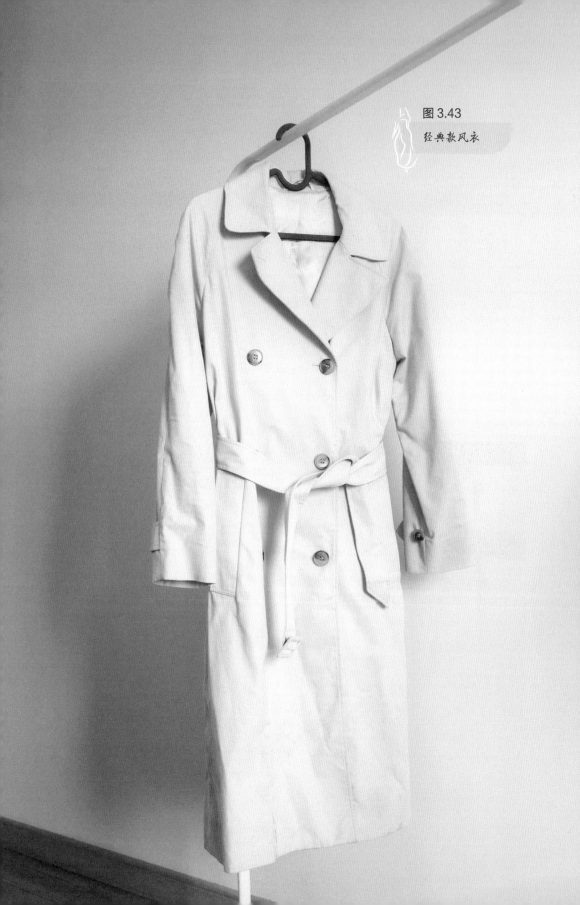

图 3.43

经典款风衣

图3.44

风衣与浅蓝色牛仔裤的清爽搭配，在一定程度上淡化了稍微偏厚的风衣的存在感。露出脚踝脚背的芭蕾鞋，让整体搭配更显轻盈

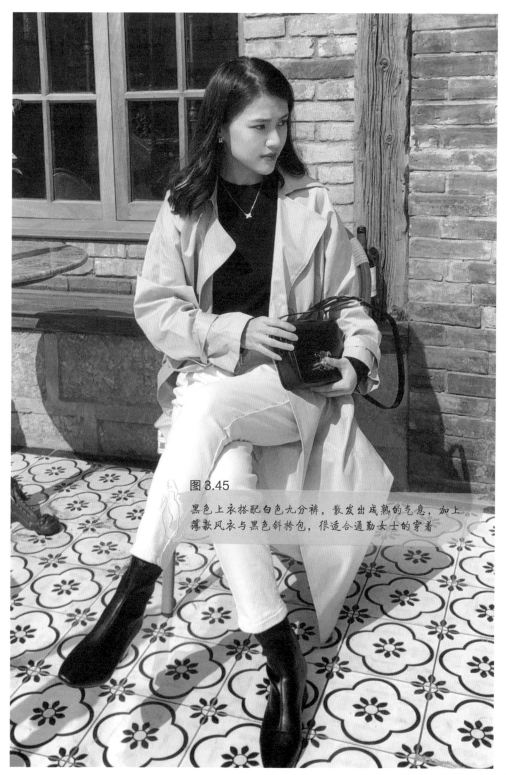

图 3.45

黑色上衣搭配白色九分裤,散发出成熟的气息,加上薄款风衣与黑色斜挎包,很适合通勤女士的穿着

3.16　秋冬大衣

外套是否穿着适宜，往往影响着别人对你的第一印象，所以外套应该完美、令人印象深刻。在寒冷的地区，比起蓬松的羽绒服、像睡衣一般的外套，一件经典的秋冬大衣（见图3.46）就是最简单的完美外套。

我推荐毛呢材质的、有西服领和垫肩的、长款单排扣的大衣，如图3.47与图3.48所示，这种大衣简简单单，没有任何花哨的设计，却能瞬间彰显你的品位。

对于版型，建议要选择合身的，避免过于宽松肥大的，这样才能显得你又高又瘦。对于颜色，建议选择卡其色或黑色，这两种颜色是百搭色，另外灰色、蓝色和白色也是不错的选择。

穿毛呢大衣时，可以搭配高领毛衣或高领打底衫，再配上围巾、太阳镜和高跟靴，显得就非常有气质了，并且这样的穿搭在任何场合都适合。

图 3.46

秋冬大衣

图 3.47

驼色呢子大衣搭配蓝色条纹衬衫
与黑色修身裤子，尽显干练气质

图 3.48

H 形的长款大衣最适合 H 形身材的人穿着，上下身都选择修身的服装，露出腰线，就能穿出时髦又高贵的气质

3.17　格纹围巾或法兰绒衬衫

围巾和衬衫可以是纯色的，**如果你的衣橱里全是黑、白、灰、蓝等基础色，那么格纹围巾和法兰绒衬衫（见图 3.49）能够为你的衣橱增添色彩。它们也是非常实用的单品。**

还有什么比宽大、柔软的羊毛格纹围巾更完美吗？它可以御寒，同时看上去很漂亮，系上也很舒适。对于款式，我推荐宽大的披肩款；对于颜色，可以选择卡其色、白色、红色、绿色等。例如，在秋冬季节一身黑的搭配里，或在办公室的空调房里，或在飞机上，一条格纹大围巾披肩既保暖又彰显魅力，如图 3.50 所示。

法兰绒衬衫舒适、耐穿、充满秋冬的气息。**不要认为法兰绒格子衬衫是程序员的专属，只要会搭配，中性的法兰绒衬衫一样能成为时髦的单品。**内搭白色 T 恤衫，下装搭配帅气的牛仔裤或者灯芯绒的 A 字裙；或者一身运动装，把它系在腰间，或者当作披肩，都是很好看的穿法，如图 3.51 所示。

图 3.49
格纹围巾与法兰绒衬衫

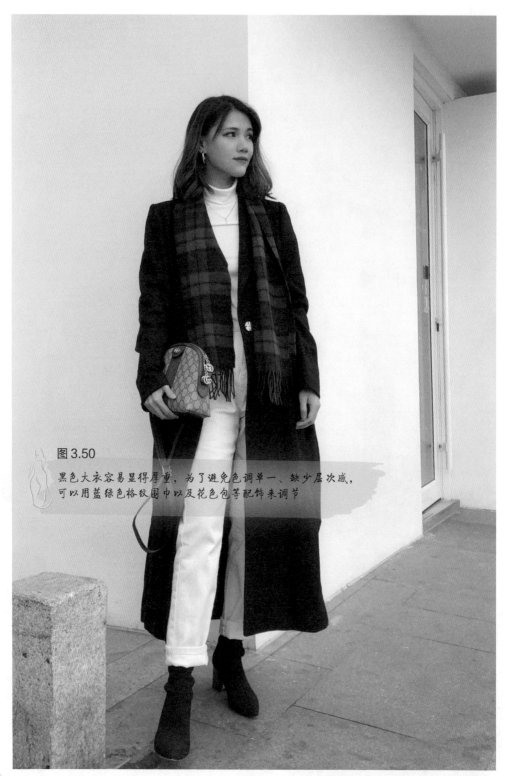

图 3.50

黑色大衣容易显得厚重，为了避免色调单一、缺少层次感，可以用蓝绿色格纹围巾以及花色包等配饰来调节

图 3.51

黄色法兰绒格纹衬衫搭配清爽的白色T恤衫与男友风牛仔裤，尽显休闲风格

3.18　黑色高跟鞋与裸色高跟鞋

高跟鞋（见图3.52）是女士必备的单品。像裙子一样，它是非常女性化的设计，像漂亮的丝质衬衫一样，能够提升女士整体的气质。如果爱美女士少了高跟鞋，即使其他衣服再华丽，你的衣橱也不是完美的。

一双黑色高跟鞋总能为你的穿着搭配增添和谐的一笔。穿上它，能够突出女士双腿的比例、增添女士优美的女人味，如图3.53所示。裸色高跟鞋也有这样的效果，它与皮肤颜色完美协调在一起，在视觉上能最大限度地拉长腿部视觉比例，如图3.54所示。

在材质上，高跟鞋可分为牛皮、麂皮、漆皮亮面等；在鞋跟高度上，可分为低跟（3~5cm）、中跟（5~7cm）、高跟（7cm以上）；在鞋形上，可分为尖头、圆头、猫跟、玛丽珍等。对于日常穿着，我比较推荐中跟尖头的款式，简洁又经典，既能显高显瘦，也不会像超高跟那样行走累脚。

当有了黑色和裸色这两双基础款的高跟鞋以后，你将迷恋穿上高跟鞋带给你的自信和优雅。然后，各种明艳颜色、个性款式的高跟鞋新成员就将陆续加入你的鞋柜。

图 3.52

黑色高跟鞋与裸色高跟鞋

图 3.53

黑白色系的法式穿搭，一双黑色
高跟鞋尽显女士优雅的气质

图 3.54

裸色高跟鞋能够与皮肤颜色融为一体，
在视觉上拉长双腿比例，搭配一身白色，
尽显女士如水般的温柔与恬静

3.19　平底芭蕾鞋

扫码看视频

芭蕾鞋（见图3.55）最早的设计灵感来源于芭蕾舞演员穿的鞋子。

在不方便穿高跟鞋的场合，比如赶飞机、开车驾驶、在海滩度假、在商场购物时，芭蕾鞋确实帮了我们很大的忙，可使我们轻松走路，又不失优雅美丽。

露出脚背的芭蕾鞋既漂亮又显得成熟，是优雅穿衣风格的必备品。 基本款的平底芭蕾鞋一般是圆头、浅口、前面有蝴蝶结绑带的装饰，如图3.56与图3.57所示。也有尖头、方头、脚背处有带子、脚踝处有丝带等变体设计。

刚开始购买芭蕾鞋的时候，可以选择黑色、裸色、白色、棕色、金色、银色等，随着鞋子数量的增加，你可以选择其他靓丽的颜色，也可以选择带有别致设计的款式。不要害怕尝试不同颜色、不同图案的鞋子，相信你会爱上芭蕾鞋的。

图 3.55
平底芭蕾鞋

图 3.56

优雅又可爱的U领泡泡袖上衣，与白色的芭蕾鞋搭配更显完美

图 3.57

红色芭蕾鞋搭配红色裹身上衣与牛仔半身裙，
彰显女人味十足的度假风格

3.20　中性风乐福鞋

运动鞋不够正式，高跟鞋又太累，上班时既不能穿太过休闲的鞋子，又要舒适。相比之下，平底鞋就是最好的选择了。

平底鞋中我最推荐的就是乐福鞋（见图3.58**）**。乐福鞋在一开始是属于男性的鞋款，后来也有了女士穿着的乐福鞋。**这种中性风的鞋子显得不女性化，但能打造出优雅风格，同时也能搭配出休闲风格。**

乐福鞋搭配九分裤、牛仔裤，能让我们看起来比较干练，如图3.59所示；与袜子和裙装搭配，便多了一些学生气息，如图3.60所示。

乐福鞋有尖头、圆头、带流苏、带金属扣等不同款式。建议初尝试时，先购入黑色和白色这两种颜色的乐福鞋。因为这两种颜色的鞋与别的衣服易搭配。然后再购入其他颜色的。

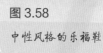

图 3.58

中性风格的乐福鞋

图 3.59

白色乐福鞋给人清爽的感觉，全身白色的
穿搭用红色包作点缀，打破单调感

图 3.60

与乐福鞋同色的袜子搭配，在视觉上能够改善身材比例，如果把黑袜子换成白色袜子，则更具有学生气息

3.21　时尚的运动鞋

　　运动鞋穿着方便舒适，也便于行动，所以几乎人人都拥有运动鞋，尤其是需要经常走路的人。如果你很喜欢穿运动鞋，可以买几双时尚、百搭、非运动型的运动鞋（见图3.61），那些跑步鞋就留着晚上运动的时候穿吧！

　　要想把运动鞋穿好看，需要一定的搭配技巧。首先在款式的选择上，要选择基础款，颜色最好是白色，因为白色最百搭，也比较偏女性化。

　　购买运动鞋时可以跟随潮流，在当下的流行款里找到适合自己的鞋子，但也有一些经久不衰的款式，比如帆布鞋、阿甘鞋、黑白"熊猫"鞋等。帆布鞋既具有休闲风格，也具有优雅风格。而高帮或低帮可以搭配出不同的感觉，如图3.62所示；阿甘鞋很百搭，适合休闲风格的穿搭，白色皮质鞋面简洁又经典，如图3.63所示；"熊猫"鞋可以搭配裤装，也可以搭配裙装，尤其适合搭配长度在膝盖以下的裙子。

图 3.61

时尚的运动鞋

图 3.62

牛油果绿色的衣服搭配同色系的运动鞋，
让本来甜美风格的单品变得休闲起来

图 3.63

有点正式的九分裤与简洁的运动鞋混搭，运动鞋上的黑白配色与服装上的颜色相同

3.22 亮眼的丝巾

丝巾（见图3.64）是我最喜欢的配饰之一。**丝巾能给平淡的衣服增添一些视觉趣味，弥补搭配中缺少的颜色**；丝巾就在脸旁，合适颜色的丝巾还能充当反光板的作用，让脸部更加有光泽；另外，丝巾也能够营造立体感，尤其适合上半身较为单薄的人。

丝巾可以加强女性特征，在比较中性化的穿着中，比如牛仔裤+皮靴的搭配，只要加入一块小小的丝巾，就立刻变得优雅起来，搭配也变得更有品位，如图3.65所示。

丝巾的用途很多，不仅可以系在脖子上，也可以系在腰间当作腰带，还可系在手腕上、头发上、包上等，如图3.66所示。大家可以多多挖掘丝巾的各种用途，说不定能带来不少惊喜。

购买丝巾时，可以尽情选择平时不常穿的颜色和图案，图案有格纹、波点、花纹、条纹等各种选择。另外，大方形、小方形、丝带形等各种大小形状的丝巾都可以多备几条。因此，丝巾是我经常购买的饰品，同时价格不贵的它也是冲动购物的好选择。

图 3.64

亮眼的丝巾

图 3.65

在给人帅气时髦印象的黑色微喇牛仔裤与皮质高跟靴的搭配中加入丝巾，整体风格变得优雅了许多

图 3.66

蓝色的真丝衬衫搭配纯白色的九分裤，腰间系上同色系的丝巾，优雅与气质尽现

3.23　不同款型的包

同外套一样，包影响着别人对你的第一印象。不搭的、邋遢的包与不合适的外套一样，都会破坏你所费心打造的形象。

不知道你有没有数过自己有几个包？如果你的包都是同款类型的，那么你应该考虑一下其他类型的包。包的款式有水桶包、斜挎包、链条包、保龄球包、托特包、草编包、双肩包、腋下包、手拿晚宴包等，不同的包适用的场合不同，搭配出来的风格也不同。如图3.67～图3.71所示。

建议大家**根据当天的穿着来决定搭配的包**，一般来说，我使用频次最高的是皮质、中等大小、中性色（黑色、白色、棕色）的包。**包的大小也应该注意，小巧的包会很时尚、可爱，但可能装不了太多东西；过大的包实用性高，但可能时尚度会降低。**

至于需不需要购买很贵的包，是一件值得思考的事情。我认为理想的状态是，在自己经济承受范围内投资一款能经得住时间考验的、款式经典的、质量上乘的包。如果你并不追求名牌，也不想花太多钱，那就尽量保持包的整洁，这样会看起来更显高档。

图3.67　质地柔软的斜挎包比较适合休闲场合，质地稍硬、肩带较长的斜挎包则适合通勤场合

图 3.68　链条包小巧可爱，很有女人味，适合甜美与优雅风格

图 3.69　手提包可以选择带锁扣设计的、轮廓硬挺的包型，很有时髦干练的气质

图 3.70　托特包尽量选择大号的，通勤或出门玩都很实用，同时显得自然又成熟

图 3.71　草编包可以选择有设计感的、带有装饰的，很有夏日休闲的气息

3.24　合适的太阳镜

　　在服饰搭配中，很多人会忽视掉太阳镜这个细节（见图3.72）拥有一副合适的太阳镜，能为整体的装扮加分不少，如图3.73和图3.74所示。

　　太阳镜的款式有很多，方形的、圆形的、雷朋式的、猫眼式的、无边框的、半框的、全边框的等；颜色有黑色、玳瑁色、茶色、灰色，甚至还有粉色、黄色等很有个性的颜色。

　　好看的太阳镜不一定很贵，但我认为任何出现在脸上的单品都会被人仔细瞧，所以好看的太阳镜应该细细挑选，值得投资。无论价格是否昂贵，都应当多多试戴。

图 3.72

太阳镜

图 3.73

白色衬衫裙与高跟鞋的气质搭配，加入方形太阳镜，瞬间变得有范

图 3.74

在休闲风格的裤装与运动鞋的搭配中加入大大的太阳镜，整体造型立刻帅气起来

第 4 章

提升搭配气质的细节

经过前面章节的学习，你已经了解了如何找到自己的穿衣风格，也掌握了不少穿衣原则，也拥有了足够多的服装单品；但有时候总是感觉自己不在最佳状态。这时候的你不必改变整体搭配，只需要调整一下细节，也许就能提升整个搭配的气质。

4.1　小小细节，能让整体搭配焕然一新

改变细节，也许是改变服装所传达的含义的最有效的方法之一。细节能让不那么完美的服装变得完美，也能让一套本来就不错的穿搭更加出彩。

1. 服装的细节

服装的细节包括服装的领子、袖子、衣摆、裤脚等处。比如，解开领口的前两颗扣子、挽起袖子、将衣服下摆塞进裤腰、卷起裤脚等，适当的露出肌肤，不仅能展现成熟感，还会给人带来清爽的感觉，如图4.1 ～图4.4所示。

平时可以多留意一下这些细节，即使是同样的衣服和搭配，也会呈现不一样的效果；偶尔不合适的服装，通过细节的调整也会变得适合。这是穿衣搭配的技巧之一。

2. 配饰的细节

鞋子和包也是应当留意的细节，包括鞋和包的材质、颜色、量感等，都会影响搭配的整体感受，在搭配中不可忽视。

千万不要觉得配饰可有可无，从而忽略配饰的作用。戒指、手表、项链、耳环、帽子，小小的饰物就能展现女性的魅力，如图4.5及图4.6所示。你可以把配饰当作更高层次的搭配手段，可在这些地方多花点心思。

3. 发型和妆容的细节

发型可以让整体风格完全改变，不合适的妆容会让整体造型看起来很糟糕，在这些地方也应多多留意。

这就是为什么一提到穿衣搭配，最需要强调的词就是细节。一个会穿衣的人，一定是很注重细节的人。小小的细节，小小的改变，有时却能带来奇迹般的变化。

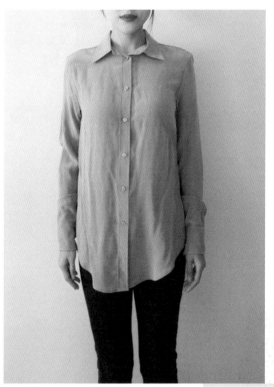

图 4.1 改变细节之前

图 4.2 将衣服下摆塞入裤腰中，看起来更清爽

图 4.3　解开扣子，往后拉衣领，给人成熟的感觉

图 4.4　挽起袖子，露出纤细的小臂，展现女人味

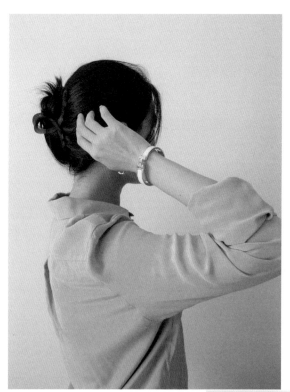

图 4.5 戴上手镯，绾起头发，尽显精致女人味

图 4.6 戴上帽子，改变风格，也可以显得个儿高

4.2　叠搭让造型层次更丰富

在前文中我们提到，搭配得体的秘诀就是简洁与和谐，要尽量将上半身的衣服数量减少至两件之内。但如果只是内搭＋外套这一种形式的话，难免会显得有点单调，衣服数量超过三件又会显得凌乱。怎么办呢？其实很简单，学会叠搭就可以解决这个困局。

叠搭的方式有很多种，这里以T恤衫＋连帽外套的穿搭为例，连帽外套可以搭在肩膀上，可以随意地披着，可以系在腰间，也可以披在肩膀上后再打个结，如图4.7～图4.10所示。叠搭的穿衣方式既可以使上半身显得丰韵一些，尤其适合上半身偏瘦的人，还可以补充造型的颜色，并快速地改变造型，是非常实用的搭配技巧。

平时我很喜欢把薄款针织衫披在肩上，然后再打个结，如图4.11所示。这样的穿法，一来可以让上半身更加有立体感，不再单调；二来也很实用，早晚温差大或者需要待在空调房的时候，把针织衫拿下来直接穿在身上就可以了，既美观又实用。

还有一种叠搭方式，就是在带领子的衬衫里套高领衫，如图4.12所示。这种叠搭的穿衣方式别看简单，却可以增加整体造型的层次感，若再穿一件西服外套，就更加帅气了，尤其适合秋冬季节。需要注意的是，里面的高领衫要选择贴身一点的；否则，上半身会显得臃肿。高领衫的颜色尽量与衬衫的颜色有反差，不要太相近；否则，体现不出层次感。另外衬衫的扣子也不要系得严严实实的，适当解开一点领口，露出内搭才好看。

图 4.7 将外套随意地搭在肩膀上，增加侧面立体感

图4.8 将外套系在腰间，可以突出腰线，让腰部看起来更细

图 4.9 外套穿在身上，有层次感

图 4.10 在肩膀上系个结，增加上半身的分量感

图 4.11　针织衫随意搭在肩上，立刻改变形象。但要注意，披肩要选择薄款

图 4.12　衬衫里面套高领衫的叠搭穿衣方式，以增加整体造型的层次感

4.3　V 领可以拉长颈部线条

在前文中有提到，**即使是同一版型的衣服，领口的变化也会让风格有所不同。领口的线条好，露出的面积多，就可以把别人的目光从面部转移到颈部，让你的脖子看起来更加修长。**

有的衣服的材质和颜色都很好，款式也很合身，但穿上身总是显得脖子粗短，那基本就是领子的问题了。

相较于圆领和一字领来说，V 领可以露出更多的颈部肌肤，露出锁骨，展现女人味，尤其适合圆脸、下巴比较长或脖子比较短的人，如图4.13所示。想要更加有女人味，就要露出更多的锁骨，可以选择大 V 领或者大 U 领，如图4.14所示，再搭配一条锁骨长度的项链就更完美了。

另外，如果你喜欢轮廓感十足、中性风格的感觉，也可以选择 V 领的衣服，下半身搭配裤装就可以轻松打造这种风格。

如果你的衣橱里只有圆领和一字领，没有 V 领的衣服，怎么办？很简单，用丝巾、披肩或马甲叠搭，同样能打造 V 形线条，也一样能起到 V 领的效果，如图4.15所示。这样，不适合的领子也会变得适合了。

图 4.13　V 领有拉长颈部线条的作用

图 4.14　大 V 领可以露出更多的锁骨，突显女人味

图 4.15　用披肩（左）、丝巾（右）等单品塑造 V 形领口，与 V 领衣服有着一样的视觉效果

4.4 利用腰带来提高腰线

利用腰带来提升腰线，是除了高跟鞋、高腰线服装以外，穿衣显高的一个既简单又实用的方法。

尤其是小个子和梨形身材的女士，在购物的时候遇到腰线不是很明显但又很喜欢的衣服该怎么办？这个时候，一条腰带就可以完美解决这个问题。

把腰带系在哪里呢？答案是肋骨下方、肚脐稍微靠上一点的位置，这里是腰部最细的位置，不仅能帮助勾勒出腰身线条，更重要的是会形成"腰线以下都是腿"的视觉效果，显高又显瘦。

把腰带系在裤子上，主要考虑的是腰带的功能性。把腰带系在连衣裙、针织开衫、西装外套、大衣上，这时候腰带主要起提升视觉效果的作用，以装饰性为主，如图4.16与图4.17所示。

建议大家在衣橱里多配备几条腰带，比如宽的、窄的、黑色的、白色的、棕色的等，通过系上不同宽度、不同颜色、不同款式的腰带来应对各种搭配场合。这里有个小技巧，可以把腰带的颜色与身上的其他颜色呼应起来（比如黑色腰带搭配黑色鞋子），也可以把腰带风格与其他单品的风格呼应起来（比如西部风格的腰带搭配牛仔靴），让造型更整体。

图 4.16　直筒形的大衣，用腰带勾勒出腰线的位置

图 4.17　用极具个性的宽腰带呼应皮靴、皮质贝雷帽

4.5 露出脚踝，让造型更清爽

前文提到，细节能让不合适的衣服变得合适。那么裤子或裙子的长度，也是很重要的细节之一。

裤脚的长度应该在脚踝附近或更往上的位置，裤子太长就会显得邋遢、不精神，对比效果如图4.18与图4.19所示。同理，裙尾的长度也应该在脚踝以上。

九分裤最适合搭配露脚背的鞋子，比如芭蕾鞋、浅口平底鞋等，这样搭配的平衡感刚好，会显得双腿很修长。

如果需要穿运动鞋或者不露脚背的鞋子，建议把九分裤的裤腿卷起来或者搭配七分裤，使裤腿短一些，并露出脚踝的部分，也可以给人以利落、干练的感觉。

图 4.18

裤子长度盖住脚踝，会显得
不利落

图 4.19

同一条裤子，将裤脚卷起来，露出
脚踝，会显得清爽，也会显腿长

4.6 追赶潮流，从小物入手

如果想追赶潮流，也不是不可以。最简单的方法，就是从小物件入手，挑选自己喜欢的、当季流行的款式。

衣服可以全都是基本款，包、鞋子、饰品这些小物，可以适当有一些流行元素和趣味在里面，这样搭配就很容易变得时尚，如图4.20~图4.22所示。

因为流行趋势往往都是很短暂的，一些便宜又可爱的小物件就足够了，这样等潮流过去，就不会因为浪费而感到心疼。

如果一定要穿潮流的衣服，那我建议从上衣入手。下装往往有几件固定版型的裤子和裙子就足够应付各种搭配了，如图4.23所示。

图 4.20

这款草编篮子，搭配基本款的蓝色条纹 T 恤和牛仔裤，黄色作为强调色，既清爽又可爱

图 4.21

这款小包，拿来搭配水手服毛衣刚刚好，平时总是走
气质通勤风的路线，偶尔"幼稚"一下又何妨

图 4.22

拼色鞋上的颜色虽然多，但只要跟衣服上的
颜色有所呼应，就不会显得凌乱

图 4.23

泡泡袖＋褶皱＋珍珠的设计更让这件衣服成为我衣橱里的"潮流款"

CAFFÈ
PIAZZA

CAFFÈ LATTE
CAPPUCCINO
ESPRESSO
CAFFÈ MOCHA
AFFOGATO
CAFFÈ FREDDO
CAFFÈ LUNGO
CAFFÈ CORRETTO
AMERICANO
MACCHIATO
CAFFÈ CON PANNA
CAFFÈ RISTRETTO
CAFFÈ DOPPIO
CAFFÈ CON SCHIUMA

4.7　高跟鞋可以迅速展现女人味

提到高跟鞋，我们总是能与女人味、优雅、性感这类的词汇联系起来。高跟鞋可以显得腿长、显得个子高挑，并展现出女性的迷人魅力，是打造轻熟优雅风格的必备单品。

在参加活动、婚礼等正式场合，高跟鞋是最好的选择。在日常的一些场合中，把平底鞋换掉，穿上高跟鞋，即使是休闲风格的服装也会变得有女人味。

现在很多品牌都有时尚、舒适又好看的高跟鞋，不需要花大价钱，我们也能买到称心如意的高跟鞋。高跟鞋的款式也有很多种，比如基本款的、一字带的、小猫跟的等，如图4.24～图4.26所示，大家可以根据不同的服装选择不同的鞋款。

另外，高跟靴也同样能起到展现女人味的作用，如图4.27所示。建议选择细跟的靴子，粗跟或平底的靴子比较偏中性。

图4.24

一字细带高跟鞋能最大限度地露出脚背，显得清爽，也是最显高的高跟鞋款式，搭配高腰裤、裙装、小礼服等都很有气质

图 4.25

脚后跟处有一条带子的高跟鞋款式，最适合
3~5cm 的低跟，穿上既舒适又显优雅

图 4.26

除了常见的乐福鞋+棉袜外，偶尔尝试下
高跟鞋+蕾丝袜的搭配也很有女人味

图 4.27

秋冬季的高跟靴，相比粗跟高跟靴，
细跟的靴子更有女人味

4.8　浅口单鞋＋袜子，为搭配带来新鲜感

在我的日常搭配中，经常能看到袜子＋单鞋的搭配组合，出镜的频率相当高。相比于单穿鞋子，加一双袜子会显得时尚又有气质，这么穿还有一个优点，那就是让鞋子不再磨脚。

袜子的颜色可以选择与鞋子颜色相同，比较常见的是黑色鞋子搭配黑色袜子、白色鞋子搭配白色袜子，这样袜子与鞋子形成一个整体。与鞋子不同色的袜子也可以起到补充或呼应搭配颜色的作用，让造型更立体。

最适合搭配袜子的单鞋是乐福鞋，它不仅可以搭配裙装，也可以搭配裤装。偏中性化的乐福鞋与棉质的袜子组合，会削弱乐福鞋的硬朗感，从而增添一些俏皮感，如图4.28~图4.31所示。

当然，你也可以大胆尝试浅口高跟鞋＋袜子的组合，穿起来有点类似袜靴的效果。这样的搭配会非常有趣，可以为造型带来不一样的新鲜感，如图4.32所示。

图 4.28

黑色棉袜+黑色乐福鞋，搭配短裙或短裤，既中和了
乐福鞋的中性感，也在视觉上让双腿更显修长

图 4.29

黑色棉袜+黑色乐福鞋，搭配长款的格纹铅笔半身裙和同色系针织衫，有一种学院风的感觉

图 4.30

米色棉袜+白色乐福鞋，米色既补充了整体造型的颜色，
又与皮肤颜色相近，视觉上可被看作腿部的延长

图4.31

黑色棉袜+白色乐福鞋这个搭配不容易驾驭，一不小心就会变俗气。让整体搭配更加协调的方法，就是身上其他地方也有这两种颜色，与其形成上下呼应

图 4.32

袜子+高跟鞋的搭配，既可以鞋袜同色，又可以选择反差大的颜色，脱俗感立现

4.9 饰品让简约搭配变华丽

在前文中多次强调，细节可以在很大程度上提升气质。

佩戴有光泽的饰品，可以让简单的搭配有了点缀，起到事半功倍的效果。另外，饰品还可以营造季节感，比如秋冬毛毛质地的饰品、夏季的草编饰品等。

在饰品颜色的选择上，我推荐金色和银色。金色让人显得华丽又可爱，银色显得高贵而统一；金色给人温暖的感觉，适合暖色系的穿搭；银色给人冰冷的感觉，适合冷色系的穿搭，如图4.33及图4.34所示。在日常的穿搭中，大家要学会运用这两种颜色。

建议每位女士都可以准备一些耳环和项链，因为这两种饰品离面部最近，能够把光泽反射到脸上，能让面部立刻变得光亮起来，如图4.35所示。

佩戴的时候，尽量让耳环和项链同色或材质相同；否则，会稍微显得不协调。因为手部离得比较远，手镯可以选择不同的颜色和风格，即使与耳环项链风格不统一也不会有太大的违和感。此外，还可以混搭不同的手表手链，营造出休闲的感觉。

扫码看视频
（平价耳饰合集）

扫码看视频
（blingbling耳饰合集）

图 4.33

金色配饰最适合与黑色搭配

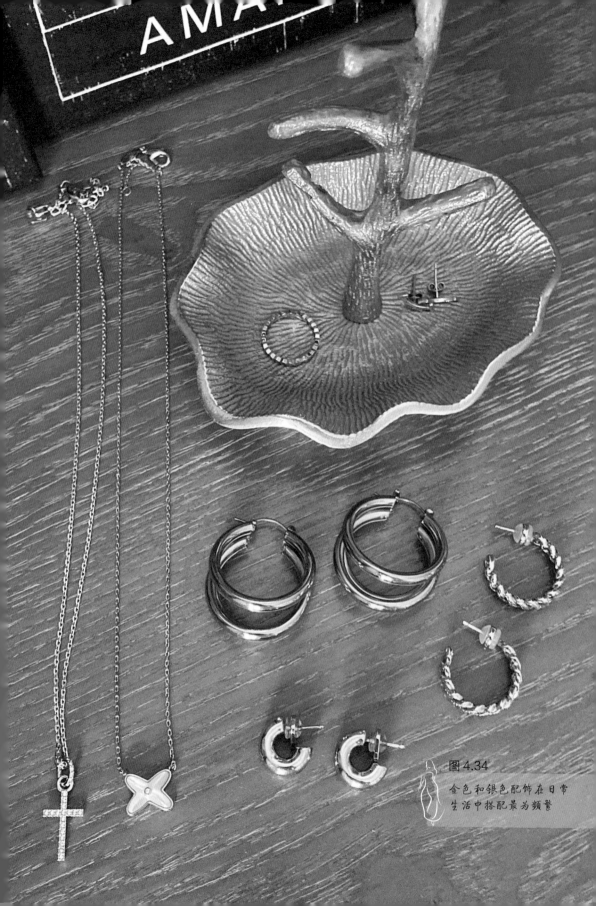

图 4.34

金色和银色配饰在日常
生活中搭配最为频繁

图 4.35

华丽的饰品首推水钻与珍珠款式，
可以让脸部立刻有光泽感

4.10　帽子可以提升日常搭配的时尚感

　　也许你觉得，帽子是很小部分人才会选择的单品，但实际上用帽子来搭配，可以快速提升日常搭配的时尚感。

　　如果你感觉某天的搭配有点单调，或是觉得全身搭配缺少一点颜色，或者干脆不愿洗头的时候，就可以选择帽子。戴帽子不仅可以修饰头型，还可以让你看起来更高。

　　一般我会囤一些羊毛质地的贝雷帽，为秋冬季节的搭配添彩，如图4.36～图4.40所示；渔夫帽适合日常休闲装或气质装的搭配，也是时髦女生的必备单品，如图4.41所示；草帽很适合夏天搭配、海滩度假或者露营郊游都少不了草帽的身影，如图4.42与图4.43所示。

　　选择帽子的颜色时，首先推荐黑、白、驼、米这几种颜色，这些颜色的帽子可以与你衣橱里的各类基础色服装搭配起来。在穿搭中，帽子可以与衣服的颜色相同，起到呼应整体的作用。另外，深色的帽子显得沉稳，但也容易显得头大；浅色的帽子显得年轻，可以让面部看起来更亮。

　　有一点要记住，戴帽子的时候尽量不要佩戴过于华丽的大耳环、蝴蝶结、发卡等饰品，还是尽量以简洁为好，过于烦琐的配饰会让头部显得凌乱。

图 4.36

秋冬季节最好搭配的小物件
之一——贝雷帽

图 4.37

驼色贝雷帽为白+蓝的清新搭配带来气质感，再加上亚麻色的草编包，补充衣服上没有的颜色，为整体搭配增加色彩

图 4.38

柔软的羊毛贝雷帽调和西装外套的硬朗，达到平衡的搭配效果

图 4.39

如果对自己剪的新发型不太满意或还不
适应，可以尝试搭配贝雷帽

图4.40

黑色+皮革的搭配，层次丰富也更显帅气

图 4.41

牛仔材质的渔夫帽与牛仔裤相搭配，白色
短款上衣在深色调中突出了夏季的清爽

图 4.42

将女性风的宽檐草帽随意地戴在头上，缓和了中性风 T 恤衫与九分裤带来的严肃感，金属色配饰的加入更显精致

GELATI
LIDO

CIOCCOLATO
CAFFE
PISTACCHIO
COCCO
NOCCIOLA
LIMONE
FRAGOLA
STRACCIATELLA
TUTTI FRUTTI
FIOR DI LATTE
PESCA
FRUTTI DI BOSCO
MENTA
MARENA

GELATI
LIDO

CIOCCOLATO
CAFFE
PISTACCHIO
COCCO
NOCCIOLA
LIMONE
FRAGOLA
STRACCIATELLA
TUTTI FRUTTI
FIOR DI LATTE
PESCA
FRUTTI DI BOSCO
MENTA
AMARENA

图 4.43

草帽与草编包一起，增加了夏日的季节感，米色会给人清爽的印象，再加入黑色，整体搭配上就有了更加别致的效果

4.11 发型要与搭配协调

发型也是细节之一。发型要根据服装的不同搭配而不同，与搭配相协调。

这里说的与搭配协调是指在自己原有发型的基础上，放下或扎起头发，拉直或烫卷等简单的改变。

穿高领上衣或脖子比较短的女士，要尽量扎起头发，这样会显得清爽；相反，穿一字领或 V 领的上衣时，可以放下头发，就可以展现十足的女人味，如图 4.44 所示；肩比较宽的女士，也适合放下头发，让肩膀看起来不那么宽。

发型可以在很大程度上影响整体造型，所以要根据搭配，让头发动起来，不要每天都梳同一种发型。 随意地披散开，会比较轻熟风一些，如图 4.45 所示；微微内扣的发尾，会显得温柔有气质，如图 4.46 所示；波浪卷发，适合女人味十足的造型；扎得较紧的头发，给人认真严谨的感觉，适合办公室通勤；扎成较高的马尾或丸子头，给人年轻又有活力的感觉，适合休闲风穿搭。即使是稍微改变刘海的位置，也会让整体造型有所变化。

当然，也可以利用发型与服装的对比来改变搭配的感觉。比如，对于衬衫＋牛仔裤的休闲风，如果想增加女人味，可以搭配一个卷发，增添成熟的味道；相反，西装西裤＋高跟鞋的正装穿搭，如果想削弱这种严肃感，可以扎一个蓬松的高马尾或丸子头，增添活泼的感觉。

图 4.44

V领上衣会拉长颈部线条，如果把头发扎起来，会显得颈部很空，所以V领上衣适合放下头发

图 4.45

穿西服外套或比较正式的服装时，肩部位置大家会比较关注，这时可以将发尾微微烫卷，再自然地放下，隐藏视觉上较宽的肩膀

图 4.46

穿甜美风格的上衣时，把发尾卷成
微微内扣的样子会显得十分温柔

第 5 章
购买的艺术

在这一章节，我会把前面所讲的知识运用到实际的购物中，把它们转化成实实在在的购买决策。

5.1 做一名理性的消费者

对于大多数女性来说，购物是人生的乐趣之一，这一点毋庸置疑。但我发现，很多女性在购物的过程中经常会犹豫不决，买完以后又经常会后悔，常常迷失在商场的漂亮衣物五光十色的诱惑中，从而丧失了理智。

1. 购物前要列好清单，最好试穿

在我看来，购物不应该是一时的冲动或者加班后疯狂地报复性消费，而应该是一项有计划的任务。我的购物频率很低，但**每次购物之前，我都会先列好所需要购买的清单，到了商场就直奔目标而去，不浪费时间在闲逛上，这一点要向男士们学习。在每次付款前都要试穿，看看合不合身，还会仔细观察衣物有没有瑕疵，这一点要向妈妈们学习**。遇到喜欢的衣服，哪怕有一点点不合适的地方，也不要轻易购买，因为这件衣服大概率会因为这一点点的"不合适"而被冷落在衣橱里积灰。

2. 购物要考虑自己的预算

在购物之前，应该考虑一下自己的预算。每个人的预算不同，这取决于自身的经济水平和所需要的衣服的价格。但我始终认为，**穿得好看并不一定需要花很多钱，只要会搭配，人人都可以变得时尚**。我经常在打折季光顾快时尚品牌，甚至有时候会等到一件衣服打折到最低价时才将其购入，我觉得这没什么不好意思的，快时尚也有很多质量好的衣服，把省下的钱投资到更值得的地方，不是更好吗？

但是，**尽量省钱并不是说只买打折的便宜衣服**。如果一条上千元的牛仔裤非常合适，能够穿着很多年不过时，那就值得买下来。如果一身高级套装能帮助你获得新的工作或者升职，那也值得投资。但如果你很喜欢某件衣服或某个名牌包，但它要花你三个月的工资，那就不要买了。

永远要记得，在自己的经济能力范围内追求时尚，**做一名理性的消费者，而不是变成奢侈品的奴隶**。

5.2　线上挑选，线下购买

在这个快速发展的时代中，网上购物确实很便捷。但我发现，很多女性从网上买来的衣服不合身，却也懒得退货，因为退货确实是件麻烦事，很多人因此积累了一柜子的不合适的衣服。

这里我给大家几点建议：如果要网购，尽量先在网上挑选，然后去线下的门店试穿。很多时候，网购回来的衣服要么尺码不合适，要么质量很糟糕，要么图案都印歪了。只有在实体店你才能直观地看到衣服的颜色、质地和版型，以及穿上身合不合适。线下试穿的过程会帮助你过滤掉很多看着图片喜欢、但实际上并不合适的衣服。

但是，有些物品可以放心地在网上购买，比如你很了解某个品牌，且经常回购时。还有那些穿旧了的、需要更换的基本款，可以在网上直接购买。另外，一些小的配饰等物品，也可以直接在网上购买。

5.3　建立自己的全年衣橱清单

看到这里，你应该已经树立了理性的消费观念，也明白了线下试穿的重要性。现在我们就要开始整理自己的衣橱了。

一说到整理衣橱，我相信很多女性就开始头疼了，因为她们将要面对塞得满满、快要溢出来的衣橱。我能理解不少人有节约的意识以及爱囤积的习惯，但想想，你的衣橱里有多少旧衣服是你一年内没有穿过的？有多少衣服买来一次都没有穿过，甚至连标签都没摘过？二十多岁买的衣服，四十多岁再穿还合适吗？不要幻想"哎，这件衣服还挺新的，也许以后还有机会再穿"，据我观察，这样的事几乎不会发生。我认为近三年内都没有穿过一次的衣服，以后穿的概率会极小了，不妨"断舍离"它们吧，我们可以把不再穿的衣服整理出来，挑出品相还不错的，清洗干净，挂在二手平台上卖掉或者捐赠给慈善机构，这样一来既让旧衣服有了新的归宿，也给自己的衣橱减了负。至于那些已经泛黄的T恤衫、变形的针织衫或者破烂的鞋子，就直接丢掉吧！

当我们把那些没用的衣服清理出去，摆脱了每天都在为"今天穿什么"的困扰，这时候就可以好好盘点自己的衣物了。这件工作并没有想象中那么复杂，花一个周末的时间，准备好一支笔和一个笔记本，一件一件地按照"上衣""裤子""裙子""鞋子""包"等类别记录下衣橱里留下来的衣服，建立一个属于你自己的"衣橱清单"（或者你也可以用手机App来完成这件事）。然后按照季节把这些衣服进行分类，你可以把夏季的衣服都放在一个柜子里，把冬季的衣服放在另一个柜子里；或者把当季的上衣挂在衣橱中间，把反季的上衣叠起来放在衣橱最上方或最下方不容易够到的格子里，每次换季的时候更换一下位置；同一个格子里的衣服按照颜色来排序，比如把所有裙子按颜色由浅到深地挂在一起。另外，当下经常穿的衣服可以单独拿出来，挂在卧室或家门口的衣架上。

当我们把衣橱收拾得整齐有序，并按照季节和颜色进行了分类，一目了然，且全是自己喜欢的衣服，你会非常有成就感，每天的穿衣搭配也会高效许多。

5.4　一衣多穿，把旧衣服重新利用起来

当你按照上节的内容把衣橱打理好以后，会发现，也许你在不知不觉中买了同样颜色同样版型的好几条牛仔裤，或者十几件冬天的套头针织衫。

扫码看视频

当你注意到类似的衣服你已经拥有太多件的时候，就应该及时停止了，不要频繁地购买相同的衣服，应该把注意力放到如何把已有的衣服利用起来。对于经常穿的衣服，不要总局限于一种穿法，要多多思考它的搭配方法，尽量让每一件单品都有两三种以上的搭配方式。比如一条很多年前买的牛仔短裤（见下图），我尝试着旧衣新穿，用不同的衣

同一条牛仔短裤，可以与不同的
上衣搭配

服去搭配，除了已有的一些基本款上衣，这一季新买的白色娃娃领衬衣也可以与之搭配。这样一来，我就会清楚地知道我已经拥有了一条非常合身又很百搭的牛仔短裤，在下次购物时遇到相似的款式，就不会重复购买了。

把旧衣服重新利用起来，不但能省钱，还能帮助你建立自己的风格，在这个过程中体会到搭配的快乐。

5.5 舒适又耐穿的棉质

在挑选衣服时，一定要留意标签，看看衣服的材质。

我最推荐棉质，尤其是贴身穿的内衣、T恤衫、打底衫、居家服等，全棉材质既舒服，又耐洗耐磨。一般全棉的衣服，在标签上会标有"100%棉"的字样，选购时看到这样的标签就可以放心购买了。

化纤的衣服一般会标有"100%聚酯纤维"或者"100%粘纤"等，这类衣服质地不如棉质的舒适，不适合贴身穿。也有一些衣服会标有"50%棉，50%粘纤"的字样，这类质地的衣服也是不错的，既有棉质的舒适，又不像全棉一样容易起褶皱，最适合衬衫、针织衫这类的服装。

5.6　会买也要会打理，维持衣物好状态的方法

除了会买，会打理衣物也同样重要，否则衣服会迅速变旧。所以在本章的尾声，我想教大家如何维持衣物的好状态。

首先，我建议每个家庭都应该准备一个挂烫机和一个毛球修剪器。有些布料很容易起褶皱，还有那些刚从衣橱里拿出来的衣服，也难免会有折痕。挂烫机用起来要比传统的熨斗方便许多，出门前把衣服简单熨一下，这个过程用不了几分钟，就可以避免给人留下邋遢的印象。有些针织衫和呢子大衣如果经常穿就容易起球，会给人留下不好的印象，毛球修剪器则是解决这一问题的好帮手，在网上很容易买到，操作起来很简单，价格也不贵。

羊绒衫和羊毛材质的衣服很容易缩水，所以千万不要机洗。我曾经就因为粗心大意，把一件心爱的羊毛外套洗成了婴儿衣服的尺寸。最好的清洗方法是用温水手洗，轻轻揉搓，然后轻轻拧干，最后平铺晾干，这样就不会缩水变形了。

对于穿过的衣服，哪怕只穿过一次，也要洗过之后再放入衣橱。一件衣服如果没洗就搁置起来了，衣服多的话就很容易忘记，尤其是夏天贴身穿的衣服，时间一长会发黄变形，下次（也许是一年后）再拿出来穿的时候就很难看了。但有一个例外，那就是牛仔裤。牛仔裤不建议经常洗，除非你懂得专门的清洗方法，否则你会发现牛仔裤洗完以后不是褪色就是变形了，最好的办法就是穿过之后直接挂起来或者叠起来存放。